水工项目

责任成本管理成果汇编

主　审 | 陈　涛　金国亮
主　编 | 谭世霖　徐大闩

中国财经出版传媒集团
中国财政经济出版社

图书在版编目（CIP）数据

水工项目责任成本管理成果汇编 / 谭世霖，徐大闩主编. --北京：中国财政经济出版社，2023.2

ISBN 978-7-5223-1855-4

Ⅰ.①水… Ⅱ.①谭… ②徐… Ⅲ.①水利工程－工程施工－责任成本－成本管理－汇编－中国 Ⅳ.①TV5

中国国家版本馆CIP数据核字（2023）第014851号

责任编辑：温彦君　　责任校对：徐艳丽

封面设计：智点创意　　责任印制：党　辉

水工项目责任成本管理成果汇编

SHUIGONG XIANGMU ZEREN CHENGBEN GUANLI CHENGGUO HUIBIAN

中国财政经济出版社 出版

URL：http：//www.cfeph.cn

E-mail：cfeph@cfeph.cn

社址：北京市海淀区阜成路甲28号　邮政编码：100142

营销中心电话：010-88191522

天猫网店：中国财政经济出版社旗舰店

网址：https：//zgczjjcbs.tmall.com

北京财经印刷厂印刷　各地新华书店经销

成品尺寸：170mm×240mm　16开　18.5印张　228 000字

2023年2月第1版　2023年2月北京第1次印刷

定价：100.00元

ISBN 978-7-5223-1855-4

（图书出现印装问题，本社负责调换，电话：010-88190548）

本社质量投诉电话：010-88190744

打击盗版举报热线：010-88191661　QQ：2242791300

系统谋划
预控为先
创优创效
推动港航局跨越式发展

陈涛

二〇二三年元月

谋定后动
科学管控
机制到位
创造价值

金国亮
2023.元

前言

qian yan

工程项目是施工企业创誉创效的重要载体，是企业发展壮大的力量源泉。近年来，建筑行业市场竞争愈发激烈，施工企业利润空间不断变窄，在确保工程质量、安全的前提下，加强项目管理，压缩可控成本，是提升项目和企业效益的重要手段之一。而且，实践证明，责任成本管理是一种非常有效的项目成本控制方法。

中国铁建的责任成本管理起步于20世纪90年代，历经起步推广、完善定型和深化发展三个梯次的提升和发展，理念创新与时俱进，管理体系不断健全，管理效果愈发明显，实现了从粗放向精细的转变。中国铁建港航局集团有限公司（以下简称“集团公司”）作为中国铁建系统内水运工程项目施工领域的主力军，十余年来，始终践行“水工为主，相关多元”的发展定位，坚持做大做强水工主业，在项目责任成本管理方面，逐步形成了一套具有铁建特色的水工项目责任成本管理体系。

项目强则企业强。集团公司自港珠澳大桥珠海连接线人工岛项目签下第一份项目经济责任书开始，不断加强项目责任成本管理，深入贯彻落实“1234＋”工程项目管理思路，狠抓工程数量、劳务成本、材料成本、机械设备成本、临建成本和现场经费六项关键成本要素管理，加强安全、质量、环保、生产工效四项隐性成本管控，强力降本节支，有力地促进了企业和项目效益的提升，实现了企业员工收入的同步增长。

本成果汇编收集了多个船闸工程和海上风电项目责任成本的关键做法及管控要点，精选多个责任成本管理实验室成果案例，翔实、生动地阐释了相关项目开展责任成本管理的先进做法和优秀成果，内容丰富，贴合实际，值得学习借鉴。希望本成果汇编能够引起项目管理人员的重视和思考，学习优秀经验做法，不断提高工程项目创效水平，助力企业实现高质量发展。

本成果汇编在编著过程中得到集团公司领导的高度重视和各单位的大力支持，相关项目管理人员积极参与编写，认真核稿完善，编辑人员字斟句酌，尽心尽力，在此一并表示感谢。由于时间仓促，难免存在不当之处，恳请读者批评指正。

目 录

mu lu

上篇　船闸工程项目责任成本管理

中篇 海上风电项目责任成本管理

下篇　责任成本管理实验室成果汇编

上篇

船闸工程项目责任成本管理

第一章　某水利枢纽项目责任成本管理

船闸，是指“通航建筑物”的一种。在天然河流由于调节流量、渠化通航以及在运河上因地形条件及水面坡度的限制，必须具有阶梯形的纵断面形成集中水面落差。所以必须借助专门的通航建筑物使船舶直接通过落差。现代通航建筑物应用最多的是船闸。它是一厢形构筑物，由上、下游引航道与上、下游闸首连闸室组成。

某水利枢纽工程航运过坝项目单线单级 2000 吨级船闸（如图 1 – 1 所示），布置在牛湾半岛“截弯取直”新开凿的航道上，设计轴线里程 2800m，设计水头 8.38m，输水系统采用闸室底长廊道侧支孔输水。项目从上游到下游口门区建（构）筑物的布置依次为：上游船舶候闸锚地、上游引航道、船闸主体（包括进水口，跨船闸交通桥，上、下闸

图 1 – 1　船闸工程效果图

首、闸室)、下游引航道以及下游船舶候闸锚地。本章重点介绍某水利枢纽工程航运过坝项目责任成本管理及注意事项。

第一节 成本预控

一、工程量预控

工程数量的变化直接影响工程成本，因此工程数量控制是项目责任成本管理工作中的重要环节。

（1）项目部成立后要立即成立图纸会审小组，项目总工立即组织工程、合约部门对施工蓝图中的工程数量进行复核计算。为保证工程量复核的准确性，工程量计算需由工作经验丰富的技术人员具体实施，项目经理和项目总工整体把关，对于多人计算结果误差较大的分项进行重点验算，确保精度，并最终与主合同清单量进行对比分析，做好工程数量预控。

（2）根据项目部施工合同的施工范围编写分包工程工程量清单，由项目合约部根据清单和合同分项单价填写施工合同台账，共同组成0#台账，在以后的工程计量过程中严格按照台账执行。注意测量、试验、技术指导的正确，避免因这方面出错造成工程量损失。

（3）水利工程涉及水下的工程量较多，对于隐蔽工程，特别是水下施工内容实行施工前测量、施工过程测量、施工后测量的方法，并结合施工现场施工记录进行计量，严格控制工程数量。基槽（基坑）及水下土石方施工前必须对原地面进行复测签认，并对土石比例进行确定，开挖完成后再进行测量，计算实际开挖数量或修正土石比例。如发现实测数据与图纸不符，须立即与业主方沟通，争取量差签证。

（4）施工过程中及时签认劳务队实物工程数量要作为一项制度，必须严格执行。如果因为劳务队完成的实物工程量没有得到及时签认，造成计量争议，须严肃追究相关责任人的责任。

（5）应杜绝用业主合同清单量直接作为分包队伍的计量依据。用于分包计量的实物数量应是实际工程量，是由合约人员按测量资料和工程量计算规则核定后的数量。不得出现分包计量超过主合同清单数量的现象。

（6）在对分包队伍交底时不得采用施工图，应使用项目部自行绘制的施工图进行对下交底，以此避免减少优化工程量的流出。

二、方案预控

方案策划包含施工方案编制过程中的优化和评审过程中的优化。工程项目开工前，通过现场调查，充分了解与业主签订的合同条款及施工现场的各种自然条件，依据现场实际情况、设计文件、施工合同、施工条件、分包队伍、各种材料和设备市场价格以及供货渠道等因素，积极采用新技术、新工艺、新材料和新设备，分专业制定多种工料机配置方案、施工组织措施和施工技术方案。

1. 组织现场考察

施工合同签订后，项目人员进场开始工程项目的组织策划。项目策划阶段应组织有关人员进行现场考察，勘察现场地形地貌、运输线路走向和重要施工区位置关系，确定施工分项分部及施工单元划分，确定大临设施的初步布置方案，考察大宗材料供应商、地材产量及位置，材料运输方式和运距，调查材料市场价格。

2. 设计方案优化

由项目经理组织各专业人员，按照科学合理、经济适用的原则，对确定的各种方案进行优化比选，合理确定工、料、机等施工资源的最佳配置，在满足安全、质量、工期要求的前提下，以降低工程成本、提高经济效益为目的，尽可能采用量化分析和网络计划技术，编制切实可行的施工组织设计和施工方案。同时，积极开展技术创新，攻克技术难题，通过研发新工艺、新技术，加快施工进度，降低施工成本。

3. 工程重点、难点施工技术分析和预案措施

船闸工程应首先考虑施工组织问题，现场作业场地狭小，工作面较多，人员及设备投入较大，需要提前精心组织及策划，有效提升施工效率，节省施工成本。

其次，考虑到地质情况复杂，爆破工效差，地基处理难度大的问题。需要对土石方爆破及开挖进行周密细致的安排。地基处理要保留第一手施工资料，为变更索赔做准备。

除此之外，超深基坑开挖、高边坡支护、大体积混凝土施工、大型金属结构安装等分部分项工程，也是项目成本控制的重难点，需要制定专项方案。

三、分包策划

船闸工程分包策划主要包括以下几个模块：土石方及防护工程、灌浆工程、弃土场工程、桩基工程、混凝土工程、机电设备安装工程、金属结构设备及安装工程、砂石料生产厂、混凝土拌合系统安装等。

1. 总体分包划分原则

分包划分原则上根据项目特点，采用劳务分包为主、专业分包为辅的方式；在分包的划分上，充分考虑各分包队伍的施工便利性，尽可能

减少相互间交叉作业。在专业队伍数量划分时，兼顾规模和区域的影响。

2. 采用合理分包模式

一是效益最大化，结合集团公司的现有条件，扬长避短，发挥管理优势，合理采用专业分包或劳务分包。

二是关键技术、关键节点、关键资源控制在项目部，便于对项目的质量、安全、进度控制。

三是尽量采用建筑市场上常用的常规分包模式，队伍选择面广，利于选择优质的分包队伍。

3. 分包队伍的选择

（1）便于项目部现场施工组织管理，按整体单项或者分区分段、易划清责任界限、尽量减少工作面交叉干扰等。

（2）有利于分包队伍竞争，包括投标报价竞争和现场施工竞争，如把作业内容和技术相近的项目合在一个标中，以减少施工设备等的重复购置。

（3）控制合理的分包标段规模。标段过大，则要求分包队伍实力要强，缩小了分包队伍的选择面，且关键工序易受控于分包队伍，不利于现场管控。

（4）根据进度需要便于分批次招标。一是有更多的分包招标准备时间；二是可以在已进场单位中优中选优，便于项目部对已进场单位的管控。

（5）在分包队伍的选择上必须选择资质完善符合要求、具有较强综合实力，尤其是技术、资金和协调组织方面优异的分包队伍。

（6）依据工程特点，结合施工图纸，为便于成本控制，合理拆分工程量清单，详细描述各项清单的工作内容、费用组成、计量规则，且应以现场实际发生并经业主及监理工程师验收合格工程量作为结算工程量。

（7）如项目存在爆破施工，需调查当地火工材料市场行情，考虑到施工便利因素，可优先选择施工所在地有相关施工经验与能力、与地方监管部门保持良好联系的专业队伍。

（8）如项目爆破石方工程量比较大，须在合同条款中设置开挖石方材料归属条款，确保材料收益留到项目部。

4. 分包注意事项

（1）为方便项目部对各专业队伍的管理，减少后续管理难度，分包队伍需严格按集团公司的相关管理规定通过招标选择有资质、有实力、信誉好的分包队伍。

（2）分包队伍的主要材料，如混凝土、钢筋、冷却水管、水泥、碎石等，由项目部统一供应，并对各分包队伍进行用料管控，同时在分包合同中约定使用办法、损耗率，超过合同约定损耗率的进行扣除，严格控制主材的消耗。

（3）液压爬模、劲性骨架、闸室外模等大型模板构件及履带吊、汽车吊、地泵、天泵等大型施工设备建议由项目部提供，其余内模、小型构件、小型机具等均由分包队伍自行解决。

（4）项目部要严格对分包商的资格进行评审，强化评审结果的有效性；加强对分包商的管理水平、履约能力、实际履约情况和信誉的考察。

（5）加强合格分包商的过程评价管理。对于复评不合格的分包商，将其从《合格分包商名录》中移除。

四、物资预控

船闸项目主要分为基坑土石方开挖工程、围堰工程和主体混凝土浇筑工程，涉及大量的土石方机械和混凝土搅拌运输浇注机械。物资供应量大，种类繁多。常用的物资包括地材、混凝土、钢筋、系船柱、钢轨、土工布、柴油等。

1. 地材

基坑开挖是航道施工的第一步，涉及大量的挖机、土石方运输车辆，管理难度较大。采用的模式为按土石方计量后，分包队伍自行控制，项目部加强过程监管。围堰抽水涉及大量的水泵、电缆等贵重设备物资，通常由项目部严格把控，自行实施。根据施工所在地地质情况，合理选用地材生产或外购，做到成本节约、质量合格。

2. 水泥

船闸混凝土方量极大，是管控的重点。原材料水泥是集团公司集采范围内物资，控制重点是制定物资采购计划和需用计划，报集团公司集采中心采购。现场管理工作中，要做好需求量与实际使用量的把控，避免长时间库存浪费及造成资金压力，同时也要做到满足施工进度需求。每月做好库存量盘点及现场实际工程量的盘点，同合约部做好节超分析工作，以分析拌合站的材料节超，制定有针对性的应对措施。通过现场库存量及节超的管控力度，同设备物资中心签订责任成本，建立健全奖惩制度，提高物资从业人员的主观能动性。

3. 钢筋

船闸钢筋需用量大，是物资管控的重点。钢筋为集团公司集采范围内物资，项目部控制重点是制定物资采购计划和需用计划，报集团公司集采中心采购。物资管理中，现场材料员要做好需求量、库存量、消耗量的把控。对分包队伍应采取限额领料和定期盘点的办法，以分析物资节超和制定相应的对策。

4. 混凝土

船闸混凝土通常为大体积入仓浇筑，对混凝土生产能力要求较高。

通常采用自行建站，配合采购商品混凝土以满足施工需求。自行建站通常依据施工进度选用 HZS120 以上的拌和站，商品混凝土应选用运距较近、质量可靠且价格实惠的商混站进行采购。

5. 其他物资采购

系船柱、土工布、柴油等预计超过工程公司集采限定金额的物资，由项目部提出物资采购计划，报工程公司进行招标采购，经项目部和公司评标，选择合理低价中标单位。低于工程公司集采限定金额的物资由项目部根据现场施工情况组织评审，自行采购。在施工过程中，尽量减少零星材料的采购，将零星材料交由分包队伍负责。

6. 其他预控措施

（1）需求计划。月度需求计划可根据施工计划作出调整。因施工任务调整、工程设计变更等原因需要调整物资需用量计划时，工程部应及时向设备物资部提供书面变更计划。为做到既满足施工进度需要，现场又不长期积压，由工程技术部按会审后的图纸准确计算材料数量，及时编制月度供应进度计划和资金使用计划，物资部门根据进度计划，及早组织料源，合理安排，组合钢模板、钢筋提前加工定制，按实际进度需要组织进场。项目物资部根据工程技术部提供的单位、单项工程总设计量与月度需求计划，严格控制材料进货数量，严格执行限额发料制度，杜绝超耗现象发生。

（2）供应保障措施。项目部物资部门准备好开展业务所需的各种凭证、台账、报表和业务资料的所有表格，做好材料的进场验收、发放及监控工作。根据本工程钢材、水泥、砂石料等使用数量大、使用相对集中、月度耗用量较均衡、现场备料场地有限等情况，材料人员须周密组织好材料供应。按采购计划有效和供应商沟通，合理预约交货数量、规格、地点和日期。坚持一个“早”字，即“早准备、早上场、早施工”。开工前，认真搞好施工调查，尽早与业主采购部门接洽、沟通，避免因材料供应不及时而造成的停工待料。

五、责任预算编制

项目部责任成本管理体系是在项目顺利推行责任成本的基本保障，责任成本体系涵盖各项工作开展所涉及的各个方面。

1. 组织体系

为规范项目部合同管理，加强成本控制，提升项目盈利能力，项目部成立了责任成本领导小组，项目经理任组长，项目班子成员任副组长，各职能部门负责人任组员，全面领导和组织项目部开展责任成本预控、过程管控及对责任中心的指导、考核等各项管理工作。

2. 制度体系

项目部严格执行股份公司及集团公司责任成本管理相关规定，并结合实际情况，编制了项目部《合同管理实施细则》《变更索赔管理实施细则》及《责任成本管理实施细则》，保证了责任成本管理工作规范化、程序化、制度化。

3. 信息化管理

为加强项目部合同管理、成本管理、二次经营管理等信息沟通工作，确保项目部各部门之间沟通协调更加通畅，同时便于上级单位对本工程项目的指导和管控，项目部按照集团公司相关管理规定建立了完善的信息化管理体系。本项目工程信息化管理主要通过浪潮系统、合同月报、成本管理网络报表、成本测算季度报表、变更索赔报表及月度经济活动分析进行反映。

4. 责任中心划分

船闸工程根据工程实际情况，可划分为如下几个责任中心：

（1）项目部责任中心：间接费、财务费及税金中心，由职工工资及办公费、财务费及税金和其他费用组成，反映项目管理成本。

（2）船闸段责任中心：船闸主体工程，包括土石方工程、模板工程、混凝土工程、钢筋工程等，由劳务费、材料费、机械设备费、其他直接费等费用组成。

（3）上下游引航道责任中心：船闸上下游引道主体工程，包括土石方工程、模板工程、混凝土工程、钢筋工程等，由劳务费、材料费、机械设备费、其他直接费等费用组成。

（4）生产辅助系统责任中心：由砂石料加工厂、混凝土拌合站、钢筋厂及其他组成。

（5）环水保责任中心：环水保工程全部内容，由劳务费、材料费、机械设备费、其他直接费等费用组成。

项目部根据各责任中心的责任范围，将确定的责任预算进行二次分解，确立各中心的责任预算目标，制定项目部考核兑现办法，并及时签订责任中心合同。

第二节　过程管控

一、临时工程控制

1. 临时工程成本控制措施

水利水电工程施工周期长，投资规模大，技术条件复杂，产品单件性鲜明，难以建立标准成本控制系统，临时工程作为项目成本的一个重要组成部分，对整个项目的总成本起着举足轻重的作用。其成本控制原则为：有方案、有规划、有预算、有图纸（工程量计算附图＋现场施工图纸）、有清单、有结算等。

对临时工程的成本控制可采取以下措施：

（1）临时工程成本控制要做到“双预控”，杜绝“秋后算账”的现象出现。做好事前控制，前期做好对临时工程方案的优化设计，集思广益，做好现场踏勘，周围情况调查，最后对整体方案进行讨论交底实施，确保其合理性和经济性。临时工程的规模需要合理考虑，必要时进行模拟验算，避免临时工程的重复建设和过度建设。

（2）结合工程项目实际情况，充分预计项目实施过程中可能发生的问题。本着精简、高效的原则，针对大型临时工程至少提出两套不同的规划方案进行比选。如便道修建是否硬化应根据工期及通行条件决定，如进行硬化则一次性投入较大，但后期维护成本较低；反之，则后期维护成本过高，甚至还需要硬化处理，造成之前的维护费用浪费。

（3）临建工程的合同管理可引入招标机制，选择信誉好、报价低的劳务队伍参与施工，应事先对劳务分包的成本进行测算，以避免劳务队伍低于成本价报价进行恶性竞争；同时应避免采用总价包干的合同方式，以实行量价分离为原则，按照临建工程设计，确定相关施工项目的单价，签订单价合同，对于施工中出现的无单价项目应及时签订补充合同，按照现场完成工程量确定可支付工程价款。此外，还应加强材料采购环节管理，对重点工程材料采用招标采购可进一步降低成本。

（4）现场施工组织与管理是临建工程实施阶段成本控制的最后一个环节，也起着至关重要的作用。为加强这一环节成本控制，所有项目应按照既定的技术方案及技术交底进行施工，根据实际施工进度合理安排人、材、机的进场时间及调配，避免窝工及抢工的情况发生；同时，还应遵循动态管理的原则，根据现场条件的变化适时调整施工方案。

2. 大型临时工程

大型临时工程主要包括：

（1）临时码头、临时道路等。

（2）混凝土拌合站、梁板预制场、钢筋加工场、模板加工场等。

（3）水上施工平台、大型围堰、临时挡水坎等。

（4）大型或特殊的模板、支架、吊架等。

（5）水利水电金属结构及机电设备拼装堆场。

大型临时工程设计必须符合国家、地方和行业的现行技术标准、规范、规程，满足设计合同或招标文件要求的各项条件，遵守安全、可靠、经济、适用的原则，尽量采用新技术、新工艺、新材料、新设备。

必须委外的临时工程设计，应优先委托公司内部单位设计，严禁委托给无相应设计资质的单位或个人设计。公司自行承担的一般临时工程设计，由公司组织复核；公司自行承担的重要临时工程设计，应优先选择公司技术中心进行复核，并由公司总工程师审定。

3. 小型临时工程

小型临时工程主要包括项目部驻地、临时变压器等。

项目部成立后，针对项目规模和现场环境，按照“节约、适用、环保、安全、可重复利用”的原则，编制项目部临时设施规划，内容应包括项目名称、临建位置、临建规模、主要结构、生活住房面积、办公房屋面积、生产设施面积、预计造价以及相应的图纸等内容。项目部临时设施规划由专业技术人员编制，项目总工程师审核，项目经理批准后向公司办理申报手续。

项目部临时设施规划按以下标准进行：

（1）有效利用场地的使用空间，对施工机械、生产生活临建、材料堆场等进行最优化布置，满足安全生产、文明施工、方便生活和环境保护要求，尽可能减少对周边环境的影响。临建围墙、大门、道路、临时加工场地、排水设施尽量采用现场施工材料。

（2）临时设施应选择离工地较近、水源充沛、水质良好且地势较高处设置，不受洪水和泥石流威胁，避开塌方、落石、滑坡、危岩等地段，离集中爆破区500m以外。考虑防寒、防暑、防火、防洪。

（3）对于临时设施的材料采购，必须明确供应商对产品的设计、制作、运输、安装、保修、拆除责任。

（4）项目经理部要有会议室、接待室、餐厅、浴室、卫生所（中小项目可设应急药箱）。

（5）现场办公用房若采用租赁，应确保方便工作，其距离现场在3公里以内。租房数量合理确定，不得造成房屋长期闲置，在项目收尾阶段由于人员逐渐减少应调节租赁数量避免造成空置浪费。

（6）钢筋、模板、小型铁件加工应在加工棚内进行。其规模依据主要加工数量计算确定，成品、半成品宜存放于棚内，若露天存放必须按照“下垫上盖”的要求予以保护。

（7）科学规划现场施工道路和出入口，以便于车辆、机械设备的进出场和物资的运输，并尽可能地减少对周边环境的影响。

（8）临时工程完成施工后，项目部应组织联合验收，未经过验收的临时设施不得使用，验收需符合相关规范及标准要求。

4. 临时设施拆除

临时设施拆除回收再利用，或者有效价值回收，应折减项目施工成本。指标尽量包干到责任部门或责任人，进行节超分析，实施奖罚考核。

（1）项目竣工后，项目部负责对现场搭设的临时设施统一处置，认真统计、核对各种设施保存情况，对可重复利用的临时工程设施，需进行保护性拆除。任何人不得私自处理工程项目的临时设施。

（2）装配式活动板房由原供应单位保护性拆除，拆除前报送《装配式活动板房拆除方案》，批准后方可拆除，拆除过程由专人监守指挥，确保拆除施工安全。

（3）供水线路拆除后，可重复利用的材料由项目部收集保存。临时供电电缆经测试绝缘电阻合格的，收集汇总后转至其他项目使用。保护性拆除临时配电箱，检查符合安全使用要求的，由项目部收集保存。

（4）其他不可重复利用的成品临时设施（临时围墙、临建大门、标识标牌等），由项目部组织统一拆卸处理，尽量重复利用。临时工程拆除的废料部分，应按公司相关要求集中处理，不得私自处理。

二、方案控制

施工方案控制主要是指对施工方案进行优化比选，在实施性方案编制阶段对工程项目人、机、料、法、环等生产要素的合理优化组合，以及对施工过程中的施工技术方案进行有效的预先谋划和比选。水利船闸项目由于所处的地质水文环境的特殊性，方案控制主要从工艺、原材料、现场施工组织方面进行优化。

1. 超深基坑爆破施工技术

软弱岩体导致炸药爆破能力不能有效利用，严重影响爆破效果。在爆破设计与实际作业时，炮眼方向应尽可能垂直或者斜交节理裂隙走向，装药时炸药布置于孔内坚硬部位（如图 1 – 2 所示），并采用反向起爆方式。通过炮眼加密、缩小抵抗线，可增强爆破能的分布；不耦合装药确定为筒装，让药包与孔壁间留有一定间隙，使得在爆破过程中，高压段延长，孔壁岩石不致过度粉碎，从而减少炸药无用功消耗，有利于爆破裂纹的扩展并为二次破碎提供能量条件。可使得炮孔内炸药分布均匀，增加其上部的爆破能，减少边坡伞岩出现。采用分段装药，分为上、下两端，中间用炮渣隔开；采用组合炸药结构，在炮孔上部装威力小的乳化炸药，下部装威力大的硝铵炸药，改善爆破效果。在有效控制强岩溶裂隙发育的复杂地质情况下，解决了当前普遍存在的爆破工效差、坡面线型质量差等问题。既提高了爆破工效、爆破石方出渣率，又保证了基坑边坡线型（如图1－3所示）。

图1－2　强岩溶地质石方爆破现场装药作业

图1－3　强岩溶地质石方爆破效果图

2. 开挖石方破碎制造砂石集料技术

水利船闸项目多位于河流发育区段，岩石溶蚀性较强，多为强岩溶地区，岩层在爆破开挖与破碎后利用率较低且含泥量偏大，直接影响了砂石料生产的产量和质量。通过在振动给料机上安装高压水冲洗装置，利用一边振动一边冲洗砂石料的方式进行除泥，振动板上的除泥孔可在原有基础上进行缩小、加密，增加进入后续破碎阶段的石料比例，由此提高砂石原料的利用率，改善砂石料生产系统的生产能力，从而增加砂石料的产量。

为提高人工砂石料系统的制砂能力，在第一筛分车间与圆锥冲击破碎机之间增加加水冲洗的湿式筛分，将由第一筛分车间经带式输送机运往圆锥冲击破碎机的5～40mm混合骨料先直接进行冲洗和筛分，去除制砂原料的大部分泥量，随后再运往圆锥冲击破碎机进行破碎和制砂。水洗筛分后的制砂原料含泥量降低，一方面有利于减少制砂机的动能损耗，提高制砂机的制砂效率；另一方面可以降低对原砂石料系统运行的影响，减少额外的制砂原料控制措施成本。

3. 大型船闸输水廊道混凝土抗冲耐磨试验研究技术

通过制作不同配合比、添加剂的混凝土试件，在饱水循环、单轴加载与抗冲耐磨环境中，研究不同配比、添加剂情况下的混凝土的声学参数响应规律与力学性能，通过利用传统的波速检测与非线性超声检测，对饱水循环、单轴加载影响下的混凝土结构损伤进行检测与评价，得到了传统波速检测与非线性超声检测相结合评价混凝土结构损伤的方法。有效控制了空腔异型结构裂缝的产生。通过施工配合比的调整，既控制了混凝土裂缝的产生，又减少了水泥用量，节约了原料成本。

4. 大型船闸基底加固处理技术

研究相应的岩体灌浆数值模拟方法，分析浆液在岩体裂隙内的流动规律。通过建立模型，研究发现影响浆液渗透特性的岩体裂隙随机分布、相互交叉的网络特征等因素。通过对固结灌浆和帷幕灌浆进行数值模拟，研究浆液在裂隙中的扩散规律，确定灌浆钻孔深度和孔位间距。在地下压力流动水地段，针对浆液流失量大、稀释快、难凝结的难题，研发了集水稳压装置。该装置是一个倒扣的钢漏斗，安装在渗水点或渗流较大处，其余渗水部位铺设碎石盲沟引排至该集水稳压装置。数值模拟与现场试验结果的运用，提高了后序施工质量，有效解决了强岩溶地质下浆液流失量大、稀释快、难凝结的难题，减少了水泥灌浆量，有效控制了施工成本，节约了灌注持续时间。

5. 大体积混凝土温控技术

大体积混凝土温控的防裂措施主要为配合比设计、工艺控制、浇筑温度控制、温升控制、养护控制几个方面。通过软件对浇筑单元在入仓后的过程进行仿真计算（如图 1 – 4 所示），建立闸首和闸室混凝土有限元模型，分析混凝土温度应力场随时间变化的规律，对不同时间的混凝土养护提出了建议。采用大粒径骨料配合比，掺加粉煤灰，选用低热水泥并减少其用量；控制混凝土浇筑分层，避开高温时间，并加强组织管控来缩短布料间隔的等待时间；采用皮带机地垄上料、冷却拌合水等措施降低拌合温度；安装冷却水管并通水冷却，实时监控并通过调节通水量来控制混凝土内外温差；利用冷却水带模养护控制混凝土表面裂纹。有效控制混凝土内部降温速率，降低其内表温差，提高大体积混凝土质量。

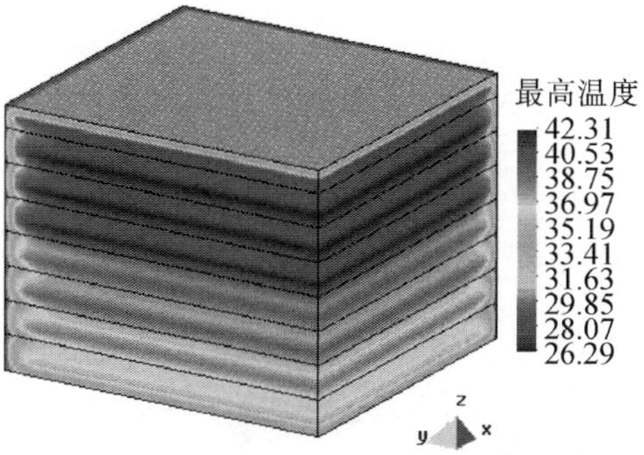

图 1 – 4　上闸首上游中底板最高温度包络图

为保证工程闸墙施工质量，提高施工工效，消除其外观质量隐患，项目部对施工仓面进行合理划分，采用悬臂爬升钢模板作为船闸闸墙模板，每层施工预埋锥形螺母作为模板支撑体系。模板与模板连接采用M20螺栓连接，内腔模板、输水廊道模板采用组合定型钢模板拼装。各混凝土仓面科学划分层高，应用“大体积混凝土施工期温度场及仿真应力场分析程序包”进行温度仿真应力计算制定的温控标准，为现场温控方案提供了必要的依据。通过在各仓面埋设温控元件进行混凝土温度监测，在施工中不断地对温度控制的方法和手段进行改良，先后进行了冷却水管布置高度及间距的调整、单根水管回路长度的调整、混凝土的原材料、配合比调整等改进措施，大体积混凝土施工温控防裂措施达到预定效果。减少了混凝土仓面闲置时间，提高了入仓效率，有效节约了施工时间成本投入。

6. 船闸金属闸门安装精度控制技术

将人字闸门安装的重难点工序结合现场工况预先模拟，做到方案的精细化比选，引入BIM技术，建立BIM模型（如图1－5所示），模拟船闸人字门安装过程，实现数字化、可视化交底；根据各节门叶的加工误差和安装误差，模拟后续安装过程，提前获知误差对后续安装造成的影响，得到了下一节门叶安装误差控制范围并提出解决办法，提升了安装精度。

图1－5　人字闸门门叶利用BIM技术吊装模拟

采用激光报警装置来控制闸门门叶安装精度的施工技术。在每一片门叶的控制点上布置激光报警装置，通过激光报警装置发射的光线作为门叶的控制线来控制门叶的空间位置。门叶微调过程中超出控制范围会触发报警，工人可根据报警装置位置，调整门叶至完成，简化了闸门安装过程，提高了工作效率，解决了当前普遍存在的大尺寸、大重量金属结构精度调整困难，安装进度缓慢的问题。

7. 大方量混凝土入仓施工技术

船闸主体段混凝土总量大，结构尺寸大，单仓混凝土方量平均超过 $1000m^3$。入仓工艺方面，通过分析比选得出了适用于本项目的皮带式布料机入仓、起重设备吊斗入仓两种入仓工艺，并就仓面情况进行了适用性分析，最终拟定了通过自卸车进行混凝土运输，衡重台以下高程采用一台 TB110G 移动式布料机入仓（新设备），衡重台以上高程采用两套起重设备吊斗同时入仓的综合方案，有效节约了设备成本（如图1－6所示）。

图1－6　履带式起重机起吊遥控吊斗入仓

三、分包成本控制

船闸工程分包成本控制可注意以下几个方面：

（1）项目招议标：项目部根据已批复的分包策划，在施工过程中按照施工进度需要，合理安排各分包项目招标时间，并及时填报《项目分包申请表》，项目经济法务部根据上级单位批复的分包申请进行招标，按照集团公司《合同管理暂行办法》规定，上报项目部、工程公司或集团公司审批。

（2）项目部确定分包单位后，及时要求分包队伍缴纳履约保证金后，与分包队伍正式签订施工合同、保廉合同、建设工程农民工工资支付保证协议和安全环保管理协议书，同时退还各投标单位投标保证金，并及时完成施工交底。

（3）合同中必须明确分包队伍甲供材料领用人，出具授权委托书，分包队伍在领用甲供材料时，必须由授权书规定的专人到物资部门办理领用手续，双方做到票证齐全、账目清楚，以便于工程结算核定损耗。

（4）实时监控分包合同，严格按照合同、现场实际完成情况进行计量与支付，杜绝超前计价及付款，杜绝超合同工程量、设计图纸量计量。

（5）合同中需约定扣除农民工工资保证金，每月审核分包队伍农民工工资发放情况，以加强对分包队伍工资发放管理。

（6）合同中需合理确定混凝土、钢筋、冷却水管、砂、碎石、火工品等主材的损耗系数，超耗部分从分包队伍计量中及时扣回。

（7）合同中约定当发生应由乙方提供的施工机械设备不能满足工程进度、质量、安全要求时，乙方必须增加机械设备投入或更换效率低的机械设备，并不得因此要求增加任何费用。若甲方认为乙方设备不足以满足现场施工需要，甲方可代为提供，并从乙方合同价款中予以扣除或解除合同。

（8）严格控制分包合同变更，按照集团公司《合同管理暂行办法》《项目部合同管理实施细则》及《项目部变更索赔管理实施细则》规定执行。

（9）待施工单位分项工程施工完成后，递交分包结算申请书至经济法务部，经济法务部组织相关部门对分包单位办理结算。工程部对分包队伍完工的合格工程数量进行确认，物资设备部对其消耗的材料、设备进行确认，经济法务部依照合同约定，计算最终劳务费用，出具最终工程结算会签表。经项目部各职能部门及分管领导会签后，报项目经理审批，作为财务付款依据。

（10）项目部所有自有设备、租赁设备均实行单机核算，每月由各责任中心提供设备运转记录、油料消耗等依据给物资设备部。物资设备部按照租赁合同约定按期对机械设备进行结算，并对各责任中心设备资源消耗情况进行核算。

（11）项目部每季度末根据各分包商该季度的进度、质量、安全、设备人员等综合情况，填报《分包商过程评价表》报公司。整个分包结算完成后，由项目部组织对分包队伍进行整个施工过程的总评价，填报《分包商完工评价表》报公司，优秀队伍推荐至公司，添加进入合格分包商名录。

四、物资成本控制

船闸工程的物资消耗主要集中在主材，大宗材料的单价控制对物资成本的控制尤为重要，集中采购是降低采购成本的重要手段。在现场施工管理中，则是对材料量的控制，同工程技术部门的协作，控制实际用量，利用现场有利条件，减少各项材料在现场施工过程中的不必要损耗。加强管理，从量和价两方面同时着手，降低物资成本。

1. 物资消耗量控制

（1）在进行物资采购之前，先做好市场调查确定采购指导价，大宗材料进行集采，零星材料可由劳务队自行采购。

（2）物资采购要实行就近原则，减少运输成本。

（3）土工布等可以定制的材料，在合同签订时可根据现场实际需要约定尺寸，减少边角料的产生。

（4）对于袋装水泥、钢绞线等储存要求较高的物资要建立相应的仓库进行保存，做到防雨防潮，或采取随用随到的采购原则。

（5）在混凝土供应时，在现场需逐单进行确认，结合实际仓量，及时分析损耗系数，并依据配合比进行反算，以此确定混凝土原材料的损耗，并调整相应措施。

（6）甲供材料根据在分包合同中约定的损耗系数，进行每月或每季度节超分析，超耗部分及时按购买价格从分包计量中扣取，并应扣除相应的采保费。

（7）材料采购计划具有前瞻性和预见性，按工程公司批复的需求计划，做到供应满足进度要求，合理安排材料的采购、进场，并经工程技术人员确认，防止材料采购的种类、型号出现错误或采购的时间节点不对，避免出现采购不及时或库存时间过长等现象。

（8）主要材料的检验、运输：建立严格的质量检验及验收制度，加强物资储存及保管，在质量、数量和时间上保障供应。工程所需的所有物资、加工半成品等需验收合格后方可进场。由试验、工程、物资部门三方派人现场验收，对不合格的产品坚决拒收、半成品返工；对进场物资、半成品分类别、批号进行取样试验，对检验不合格的予以标识并坚决清退出场。避免不合格材料进场造成成本增加。

（9）按照仓储管理程序，管库员对入库物资数量进行验证，对外观质量和随行文件进行检验。严把验收质量关，对不符合要求的材料坚决拒收。

2. 物资价格控制

（1）针对价差的控制。一般采取以下几种方式：一是进销差价，即以批量优势通过招标采购的办法取得物资差价。二是地区差价，材料供应以周边供应为主要形式，避免跨地区采购。三是批零差价，把少量多次分散采购集中起来，尽量少与零售商打交道。四是质量差价，该买优质的不买质次便宜的。五是时间和季节差价，即避开消耗旺季资源紧、价格高的不利影响。

（2）降低进料运杂费支出。在买方市场条件下，多采用大批量运输，在掌握项目工程进度和用料时间的前提下，控制和降低进料运杂费支出。

（3）把好出入库程序。主要采用过磅的形式收料，雨季收料需考虑含水量的影响。做好每批物料的进场时间及质量的登记，注意点验计量及委托检验，做到对每批材料质量心中有数。仓库保管人员必须做到发料要有依据（限额领料卡制度），作业要坚持“三检”“三核”制度，保证所发出的物资正确无误、账目日清月结、账目相符，月底各种统计及时准确。

五、船机设备成本控制

船闸工程施工机械设备数量众多。对于土石方机械，如：基坑开挖的挖机、渣土车等数量较多、难以把控，通常采用土石方队伍自带入场的方式。而对于混凝土机械设备及其他设备要达到如下要求：

1. 自有机械设备

机械设备采取单机、单车成本核算制度，严格控制油料、配件消耗，降低维修成本，提高设备运转率。分包合同中应明确规定劳务队伍使用公司机械设备台班的单价，项目部应及时签认分包队伍使用的设备台班及能耗数量，逐月扣回费用。

2. 租赁机械设备

租赁机械设备原则上要根据工作量，采取按月或台班计算租金，要安排专人负责，完善设备使用现场签证和考勤手续，建立单机单车核算台账，控制台班数量和台班资源消耗，确保完成定额产量。租赁期满后应及时办理退场手续。

3. 劳务队自带机械设备

自带机械设备应纳入项目部管理范畴进行统一管理。项目部要检查机械设备的合格证、特种作业证、维保日志，督促劳务队对其自带机械设备及时进行维护和保养，对于自带机械设备使用项目部的油料、配件等情况，物资部每月要及时足额扣款，并及时将扣款凭证报送合约部门，避免遗漏。

在日常管控中，要做到以下几点：

（1）设备的使用成本主要在于综合使用成本，超过经济使用寿命的，理应考虑淘汰报废，避免使用成本过大。凡符合下列条件之一的设备，应当报废：

①使用年限到期，折旧提取完毕，净值为零的。

②主要结构和部件损坏严重无法修复的，或修复费用过大不经济的。

③因设备陈旧、技术性能低、无利用改造价值的。

④因事故及意外灾害造成严重破坏，无法修复的。

⑤因改建、扩建工程需要，必须拆除且无利用价值的。

⑥因能耗过大，无法改造，继续使用得不偿失的。

⑦因环境污染超过标准，无法改造的。

⑧国家明令淘汰的。

（2）开展单机单车成本核算。为了发挥机械设备的效能，创造效益，对机械、车辆必须实行单机、单车核算，根据完成的工作量及有关标准进行考核，严格按照成本核算表的要求逐日考核，并做好原始记录和资料积累。

（3）设备维修、保养和配件管理是设备成本管理中的重要一环，在日常维保成本管理工作中要做到以下几点：

①设备的保养维修：机械设备要做到日检查，月保养，并按规定时间清洗和更换三滤，定期更换润滑油，设备维修保养情况要填写《维修保养记录》。

②项目部根据自己的施工任务和机械设备的性能、使用情况，按照“养修并重、预防为主”的原则，编制机械设备维修保养计划，并严格组织实施，项目部加强监督检查。

③设备大修：要根据设备技术状况编制年度大修计划，报公司批准后组织实施。

④设备大修以自修为主，确因技术难题需要委外修理时，必须与承修单位经充分协商后，正式签订设备修理合同，合同条款包括送修设备的名称、型号、规格，送修和修竣的日期，修理内容的质量要求，验收标准，收费标准和付款方式，缺件换件的处理原则，有关运输和返修双方各自应负的责任，争议解决方式等基本内容。条款应当详细明确并严格执行，信守合同。

⑤加强配件的计划性，对易损件、常用件应有少量储备，计划应加强准确性，防止造成积压。

⑥配件的采购要根据质量、价格、货比三家，择优购入，优化购货渠道，减少中间环节。

⑦加强配件库的管理，库房必须做到防雨、防潮、防锈，摆放有

序，做好标识，定期做好库存盘点，做到账物相符，及时处理有关业务，为单机核算提供依据。搞好修旧利废工作，坚持能修复的配件不换新，能换零部件的不换总成，降低修理成本。

⑧认真做好下场设备整修，恢复设备性能。工程结束后，设备下场后要及时安排整修工作，下场一台整修一台。不准下场后不整修长期停放或送到后方设备停放场。不进行整修的设备不准转场。设备下场整修的费用应列入该项工程的成本，对不进行及时整修的要追查项目负责人和设备管理人员的责任。

租赁设备因涉及外部单位，成本管控的重点是租赁设备使用成本。在日常管理中要做到以下几点：

①设备租赁应实行招标比价，综合考虑设备的型号、规格、生产厂家、新旧程度、技术安全性能、质量、出厂价格、租赁单价及运杂费等多种因素，择优选择，各级领导干部和职工不得单独或集资购买设备放在项目上使用。

②切实做好租赁设备的基础工作管理，建立统计台账、及时掌握租赁信息，以便给设备租赁工作提供准确的数据和完备的租赁资料。加强维护保养，设备操作人员必须持证上岗，特种设备必须有齐全的使用许可证明和手续。

③对于以月租形式租赁的设备，租赁单价可参照当地现行价执行，并且对租赁设备必须实行每日考勤制度，对于出勤率每月不足80%的租赁设备要坚决予以清除出场或重新谈判租赁单价，严禁设备租赁后长期闲置或租赁设备单价高于市场价，并由项目部全额买单的现象发生。

④租赁设备费用一年单台超过20万元以上的，需报公司物资设备部审核。租赁设备费用每月单台超过10万元以上的，经公司主管领导审批后，在公司物资设备部指导下展开招标谈判工作。

⑤设备租赁期间，附属油、保养费、车辆牌证手续相关费用、税

金、保险费及其他所有费用均由设备出租方承担。

⑥租赁合同参照公司《设备租赁合同》范本签订，合同中应明确以下内容：设备使用地点；工程项目名称；设备概况（名称、型号、规格、生产厂、出厂年月、购买价、车牌号等）；进场时间；费用承担方式及结算方式（租赁费、运杂费、安装拆卸费、司机补助、维修保养费、燃油费、发票）；双方职责；允许故障停机时间（包月的不能多于3天，否则扣除相应天数租赁费）；事故责任；争议解决方式等。

六、安全风险（成本）控制

工程建设项目的员工和管理者的安全教育及培训投入是保证性安全成本的重要组成部分。员工安全教育及培训投入主要包括安全知识技能培训投入和员工心理安全培训投入。管理者安全教育及培训投入不仅有助于增强管理者的安全领导意识，也与安全教育培训资金分配息息相关。

工人安全意识、管理者安全领导力、安全氛围等主要因素通过影响安全行为，进而影响安全成本。建筑安全管理的目标是保护劳动者的安全与健康不因工作而受到损害，同时减少因建筑安全事故导致的损失。

（1）项目部应牢固树立“以安全促效益”的理念，始终坚持“安全第一，预防为主，综合治理”的工作方针；建立健全安全生产管理体系，强化员工安全生产履职行为，加强安全检查及安全宣教工作，做好危险源动态监控工作。保证安全资源投入，坚守不发生安全事故就是最大的降本增效的观念。

（2）转变工作意识，增强对安全成本管理工作的重视程度，认识到安全成本的投入与安全事故的防范之间的辩证关系。明确安全成本的概念，建立专门的安全成本核算科目，将安全成本单独管理，便于独立核算安全成本的投入及使用情况，为进一步开展安全成本经济性评价创造条件。

（3）建立健全安全成本管理体系。完善关于安全成本投入和使用方面的管理细则，通过采用强制性的规定和奖励性的措施，推动安全成本管理工作的施行。要严格落实安全资金的使用，对安全成本的管理要严格追究，防止通过削减安全成本来谋取利益的现象发生。严格的执法保障，各方主体恪守职责，是推动安全成本管理体系建立完善的基本保障和重要途径。加快推动安全保障机制的建设和完善，通过安全保障措施来分散安全事故损失，合理优化安全成本，进一步提高安全管理水平。

（4）安全生产费用计量策划。项目安全生产费用现阶段基本采用规定范围内，按实发生，按实计量的原则，项目部安全监督部门要建立安全生产费用使用台账，并进行系统策划，将专业分包及劳务分包队伍的安全生产纳入项目部的整体管理，在保障项目安全并不增加项目成本的情况下，确保安全生产费用能足额计量。

（5）对于保证安全所需要的投入及控制办法如下：

①安全资料的编制、安全警示标志的购置及宣传栏的设置。

控制办法：认真仔细收集编制安全资料；计算现场所需安全标志，如大门入口警示，进入施工现场戴安全帽、临边、机械设备、基坑、高处作业等安全警示标志的数量，合计购买；合理估算宣传栏购置成本，现场所需的个数，以及固定安放位置，避免来回摆放增加人工费。

②“三宝”“四口”“五临边”防护的费用。

控制办法：安全带、安全帽、安全网购买时必须严格按照强制性规范，购买时要求卖家提供出厂合格证书；预留洞口、通道口、楼梯口防护所需材料，一次性或周转使用，合理安排，杜绝浪费；基坑临边、支架临边、高边坡临边防护设置一次性到位，平时加强管理。

③施工安全用电的费用，包括电箱标准化、电气保护装置、外电防护措施。

控制办法：加强对施工用电的管理，杜绝私拉乱接，降低配电箱、电器配件损坏概率，减少成本浪费。

④现场起重机械的检验检测费用。

控制办法：吊车、门吊、塔吊检测费用由设备提供单位承担。

⑤施工机具防护棚及其围栏的安全保护设施费用。

控制办法：提前做好场地规划，确定搭设位置；避免返工或经常性移动。

⑥施工现场安全防护通道的费用。

控制办法：规划好位置，跟工人仔细交底搭设方法，避免出错返工，造成人工费用浪费；仔细做好喷绘内容，并在安装时正确指导，确保无损坏、浪费。

⑦工人的防护用品、用具购置费用。

控制办法：配合材料员购买，购买时必须让卖家提供合格证。

⑧消防设施与消防器材的配置费用。

控制办法：统计需要的材料数量，配合材料员购买。

⑨电气保护、安全照明设施费。

控制办法：配合电工统计需要的电灯电器等所需数量及型号，建立计划单，交付材料员。

七、质量风险（成本）控制

项目部在技术、组织和管理上严格按策划要求完成项目各项工序；选择高水平的作业施工队，提前进行技术交底；加强内业资料管理，保证项目原始资料的完整性、准确性及可追溯性。在保证工程质量的前提下，节约费用开支，尽可能降低工程成本，避免出现整改、返工、返修等额外重复劳动，增加施工成本。

（1）编制符合工程施工特点的实施性施工组织设计及专项技术方案，对关键工序编制详细的施工实施细则和作业指导书，包括《固结灌浆施工作业指导书》《深基坑土石方开挖作业指导书》《钢筋施工作业指导书》《大体积混凝土温控施工作业指导书》《船闸人字门安装作业指导书》《船闸门机安装作业指导书》等。

（2）为了实现项目的规范化管理，提高工作质量和工程质量，结合质量管理体系的要求，项目部建立了以下主要管理制度：

①技术交底制度。

②样板制度及挂牌制度。

③质量例会制度。

④质量检查制度。

⑤“三检”制度。

⑥材料检验制度。

⑦项目部质量评比及奖罚制度。

（3）加强现场监控，严把工序验收关。在各施工工序配有足够的施工技术人员现场跟班作业，严格实行“三检”制度。

（4）施工前由项目技术负责人主持施工图纸会审，结合现场实际情况，对设计图纸提出合理化建议，并形成图纸会审记录。参加业主单位组织的设计交底，听取设计单位对工程难点、重点部位的施工管理建议和施工安全控制重点。

（5）把分包方纳入到项目部统一进行管理，分包队伍必须要有自己的管理模式，无条件接受项目部的指挥。对出现的质量问题不论大小不能轻易放过，为工程创优做好基础和铺垫工作。

（6）根据工程特点，项目工程师组织编制施工组织设计，提出需要编制的施工方案清单，并进行合理分工。由编制责任人提出方案初稿，召开方案研讨会。施工现场整洁规矩，机械配备合理，人员编制有序，施工流水科学，操作人员严格执行规范标准，保证分部分项工程质量目标，同时保证生产计划按期完成。

（7）从施工准备到工程交付使用阶段推行全面质量管理，严格按照 PDCA 循环过程有关秩序开展管理小组活动，成效明显。

八、工期进度控制

（1）在总体进度计划的基础上，编制季、月、旬、周计划等，将施工计划层层分解到每一天，以日保周、以周保月、以月保季。利用 BIM 技术模拟施工总体布置和变化过程，提前预知工序转换的关键节点，以此优化整体施工进度安排，过程中精心组织，实现了各工作面同步施工并不相互影响，人、材、机的投入实现效率最大化；制定月计划和周计划的形象效果图，可以清晰反映各施工部位的计划施工时间、混凝土方量、混凝土浇筑高程等信息，使施工计划及完成情况能够一目了然，并在实施过程中根据实际进度适时微调，以切实指导施工生产，确保关键节点工期。

（2）项目部施工技术人员深入一线，迅速准确发现各类问题，有针对性地解决问题，解决各分包队伍在场地使用、物资、设备调配等方面的矛盾，充分协调各分包队伍之间与各部室及现场人员之间的关系，从而保证项目施工顺利有效进行。

建立生产例会制度，确保计划落地。建立生产月度例会、周例会制度，坚持早班会、晚例会；通过召开例会，促使生产管理各个环节会前沟通协调，讨论组织好下一班的施工安排、设备配置等事项，会上统筹考虑各仓混凝土的浇筑顺序，合理分配拌合站、混凝土运输车等设备，布置好夜班和白班人员，调配好机械设备，协调好原材料的保障供应，及时解决现场管理人员和分包队伍提出的问题。

第三节 变更索赔管理

一、变更索赔内容

1. 常见变更索赔点

（1）工程延期索赔：因为发包人未按合同要求提供施工条件，或者发包人指令工程暂停或不可抗力等原因造成工期拖延的，可以向发包人提出索赔。

（2）工程数量变更索赔：通常是由于发包人或工程师指令增加或减少工程量或增加附加工程、修改设计、变更施工顺序等，造成工期延长和费用增加，可以向发包人提出索赔。

（3）工程终止索赔：由于分包人违约或发生不可抗力事件等造成工程非正常终止，承包人蒙受经济损失的，可以提出索赔。

（4）不可预见的外部障碍或条件索赔：施工期间在现场遇到通常不能预见的外界障碍或条件，例如，地质条件与预计的（业主提供的资料）不同，出现未预见的岩石、淤泥或地下水等，导致承包人损失，可以据此提出索赔。

（5）不可抗力事件引起的索赔：承包方无法控制的、在签订合同前不能对其进行合理防备的、发生后不能合理避免或克服的、不主要归因于他方的。不可抗力事件发生导致承包人损失，应由发包人承担，可以据此提出索赔。

（6）其他索赔：包括保险索赔以及物价变化、政策法令变化等原因引起的索赔。

2. 变更索赔主要事项

（1）地质条件变化，例如，本区为全风化硅质岩、硬度低、强度夹层多，无法直接用于边坡垫层、靠船墩、导航墙背侧回填，造成回填料外购，增加原材料成本投入，与投标阶段的条件描述不符，造成采石成本增加，效率低下。

（2）设计图纸变更，例如，招标图纸和施工图纸变化较大，造成工程量增加或减少，也可能会新增工程量清单外的项目。

（3）合同外项目。

（4）台风、暴雨等不可抗力损失。

（5）国家、地方政策和法规的变化。

二、变更索赔措施

（1）业主清单单价过低。某水利枢纽工程航运过坝项目总体价格偏低，混凝土每立方米平均价格仅为300多元，为了保证项目效益，单纯的节流已经不能满足要求，只能通过变更索赔二次经营来进行开源。项目部将清单计价规范、合同工程量清单的内容及价格与现场施工工艺及成本进行比较，对每个项目进行成本分析，了解各清单项目的盈亏情况，对于利润较高的项目，争取通过变更增加工程量；对于亏损的项目，争取变更或者取消。例如，防渗刺墙，每立方米亏损约2500元，项目部通过与业主、设计沟通，取消了该项目，减少了亏损。

（2）招标图纸和施工图纸变化。把握蓝图与招标阶段图纸中变更或新增项目进行二次报价，开拓盈利点。某水利枢纽工程航运过坝项目的合同工程量清单为招标工程量清单，实际施工图纸与清单有差异，项目部通过对比施工图纸与工程量清单及计价规范，找到漏项清单，编制并上报新增单价。在编制新增单价时，不同的定额编制的单价也各不相同，应熟悉定额，对比同一工序采用不同定额编制的单价，在合理的范围内选择最有利的价格。如浆砌石框格护坡项目，可以选择浆砌石护坡定额，也可以选用浆砌石拱形骨架护坡定额，后者比前者的单方预算价格要高出 100 多元，最终项目部按拱形骨架护坡上报新增单价。

（3）合同外项目。对于合同外的暂定价项目，项目部应根据图纸及规范，分析其组成部分，根据施工工艺，合理地选择定额，做出比暂估价更高的收入。例如，某水利枢纽工程航运过坝项目清单中的细部结构，按项给出暂定价，项目部将预埋件、止水装置、伸缩缝、爬梯等均计入其中；在计算大体积混凝土的温控费用时，将冷却水管、制冷水、通水、保温层覆盖等计入其中。同时，项目部也将相关资料、现场签认单等进行收集整理并签认，作为后期结算审计依据。

三、变更索赔要点

（1）做好原始记录，及时上报与工程量有关的测量资料。

首先，项目部需要加强对隐蔽工程的计量工作，及时上报原始测量资料以及完工后验收测量资料，由于前道工序被后道工序遮蔽以后，不能按图示尺寸进行计量的工程部位，项目部应当做好原始记录，会同业主和监理工程师到现场进行复测，共同签证认可，避免工程结算时互相扯皮。

其次，项目部必须详细区分各类测量原始资料的类别及范围，例如，土石方开挖中，地质上的变化直接导致开挖方式的改变，这时就要做好各类岩性分界的测量工作，如土与软岩分界线、软岩与硬岩分界线、软岩与砂砾岩分界线、爆破上表面线等一系列不同的岩性的分界线，不同的开挖方式有不同的开挖单价。

若合同为单价合同，则各类岩性开挖工程量需分开计量。比如，根据工程性质将爆破开挖改为破碎锤破碎开挖，则需做好破碎锤破碎开挖方案，报监理工程师审批，以便作为日后项目部变更索赔的依据。

（2）保留施工过程中各方往来资料。

①工地会议记录和有关工程的来往信件，都必须全部保存妥当，直到合同全部履行完毕、所有索赔项目获得解决为止。

②各种施工进度表，包括业主单位和分包单位编制的进度表。

③施工日志，在施工中发生影响工期和索赔有关的事项，都要及时做好记录。按年、月、日顺序号存档，以便查找。

④做好监理单位和业主单位的口头指示记录，及时以书面形式报告业主单位予以承认。将他们的书面指示按年、月、日顺序编号存档。

⑤工程照片需有专人管理，照片应标明拍摄的日期，最好购买带有日期的相机。将照片按工程进度整理编排。

⑥收集记录每天的气象报告和实际气候情况。

⑦所有原图纸、修改及增加的图纸、计划工程进度表、人工日报表、材料设备进场报表及记账凭证等需归类保存入档。

（3）如何判断变更条件是否对我方有利。

当出现非承包方原因引起的承包人经济、工期损失时，承包人首先要想到索赔，以弥补因此而蒙受的损失。但应注意，不是所有的非承包方原因造成的损失都能得到赔偿，或者说都能够通过索赔解决。只有那些符合合同索赔条款的事件，或者使不符合索赔条件的事件转化为符合条件的事件后，才能够索赔。

对于项目部来讲，要着眼于有利于我方的变更，是否有利于我方的变更从以下几方面来判断：

①是否有应得利润。

②在不损失我方利润的情况下，是否能够加快施工进度或提高工程质量。

③在不损失我方利润的情况下，是否方便我方施工。

④以上三项综合判断，如果判断变更对我方有利，则积极予以落实或执行，如果判断变更有损于我方利益，则想方设法维持原合同内容或通过变更使其朝着有利于我方的方向进行。

四、变更索赔注意事项

（1）索赔事件发生后，承包人应迅速做出反应，在事件发生后 28 天内向监理人递交索赔意向通知书，声明将对此事件提出索赔。如果超过这个期限，监理人和发包人可以拒绝承包人的索赔要求。

（2）工程师在收到施工单位送交的索赔报告和有关资料后 28 天内未予答复或未对项目部作进一步要求，视为该项索赔已经认可。

（3）当该索赔事件持续进行时，项目部应当阶段性向工程师发出索赔意向，在索赔事件终了 28 天内，向工程师送交索赔的有关资料和最终索赔报告。

（4）正确把握提出索赔的时机。索赔过早提出，往往容易遭到对方反驳或在其他方面可能的挑剔、报复等；过迟提出，则容易留给对方借口，索赔遭到拒绝。因此索赔方必须在索赔时效范围内适时提出。如果老是担心或害怕影响双方合作关系，有意将索赔要求拖到工程结束时才正式提出，可能会事与愿违，适得其反。

（5）对监理或业主的现场口头指令，项目部应首先判明指令人员是否有相应的管理权限后确定是否执行。如执行监理或业主的口头指令导致项目部增加费用，应及时书面请求监理或业主确认，避免事后的赖账。

（6）相对而言，合同管理人员较其他管理人员更熟悉合同，索赔切入点较为明确。平时注意与其他部门多交流，一旦发现可能进行索赔的事件发生，应提醒相关部门有针对性进行索赔资料的收集。

（7）书面文字措词中注意方式方法。向业主提出索赔要求进行索赔谈判时，措词应婉转，说理应透彻，以理服人，而不是得理不饶人，尽量避免使用抗议式提法，在一般情况下少用或不用如“你方违反合同”“使我方受到严重损失”“要求赔偿我方经济损失”等类词句，最好采用“请求贵方作公平合理的调整”“请求给予合理补偿”等，同时可以寻找引发索赔事件的客观原因或第三方原因，既要正确表达自己的索赔要求，又不伤害双方的和气和感情，以达到索赔的良好效果。

（8）索赔处理时要掌握服从项目整体的原则。在索赔谈判和处理时应根据情况做出必要的让步，可以放弃金额小的小项索赔，坚持大项索赔。这样使对方容易做出让步，达到项目部的索赔目标。

（9）发挥公关能力。除了进行书面文字往来和谈判桌上的交涉外，有时还要发挥索赔人员的公关能力，采用合法的手段和方式，营造适合索赔争议解决的良好环境和氛围，促使索赔问题早日圆满解决。

（10）向业主申请使用工程性质相同，工程地获取难度小且成本较低的材料。

（11）引导设计变更，取缔施工难度大、成本控制难的劣质分项，争取变更成为施工难度小、成本易控制的优质分项。

（12）建立变更索赔台账，专人管理。有关人员必须经常深入现场，了解施工现场发生的各种事件，应尽量收集和及时整理相关资料，同时要加强和协调好与业主代表、设计代表、监理工程师的关系，资料中列明合同依据、变更理由、拟调整的工程量或费用，确保在合同规定期限内取得业主、设计、监理单位的签认。

第四节 完工结算管理

一、结算确权

1. 对上确权

(1) 熟悉理解合同文件。先要认真阅读、熟悉合同文件及相关合同条款，尤其要注意弄清楚合同条款中对在工程施工期间的材料价格是否可以调整，具体调整材料的范围以及方式，工程变更通知（签认）的程序和工程变更计量的方法，合同规定的有关奖励费用，如提前赶工奖、赶工措施费、质量奖等。

(2) 做好相关资料的收集和积累。一份完整而丰富的竣工资料不仅可以保证结算编制内容的完整性和准确性，而且可以避免审核时产生过多的疑问，保证结算审核工作的顺利进行。这些资料主要包括工程承发包合同、图纸及图纸会审记录、投标报价、变更通知单、施工组织设计、施工日志、有关定额、费用调整的文件规定等。资料的积累和收集必须注重其时效性，如现场监理的签证必须有甲方工地负责人的签章并征得设计人员的认可。

(3) 工程量的确认。在做计量和变更申报工作中工程量的计算必须要准确，不论是施工图纸的工程量，还是合同外变更工程量，都要计算准确。工程开工前首先要对施工图纸进行一次全面性的复核，及时向业主提出施工图工程量与合同工程量差异，及时调整合同清单数量，方便日后计量工作顺利进行。

（4）结算谈判。在结算谈判阶段，应把握好业主的情况，从关系的亲密性、理由充分性、费用的合法合理性、业主资金情况出发，灵活把握谈判原则，做到有的放矢，进退自如。

（5）准备竣工审计。在项目竣工后，还要做好竣工审计（外部审计）准备，在审计阶段要保证企业的经济不受损失，整理好计量资料以及证明材料、来往文件、批复签证、施工过程资料（含影像资料）、证明资料、文件批复、管理制度及规定、行业规范、地方造价信息等，做好迎审准备。

2. 对分包商计量

严格按集团公司合同管理办法，履行中期支付及结算程序。各分包单位的工程数量报验单必须由现场施工负责人、工程部长、生产副经理及总工签字确认后才能作为中期计量的依据；对于合同外的工程数量及新增部分，严格履行审核批准手续后方可实施，变更后合同金额大于原合同金额的10%的，上报公司审批后才能付款；对资金支付，项目部严格按合同控制，对分包单位支付工程款的比例不高于业主的支付比例，坚决杜绝超付、预付及大额现金支付工程款的现象。

二、确权清收

1. 清收清欠

为了规范和加强项目清收清欠管理，促进应收款项确权及回收，加快资金周转，提升资产质量，防范经营和财务风险，集团公司制订了《清收清欠实施细则》。

（1）清收清欠管理原则。

①实行主管领导负责制和项目经理清收清欠终身制相结合的原则。

②实行源头控制与过程监控相结合的原则。

③实行分级管理、逐级考核、风险共担、责任到人的原则。

（2）成立清收清欠领导小组。所属项目要成立以项目经理为组长的清收清欠领导小组，全面负责本项目的清收清欠管理工作，设立清收清欠管理办公室，并配备专职人员。主要职责为：

①负责拟定清收清欠管理规章制度。

②负责协调相关业务部门清收清欠工作。

③负责拟定清收清欠考核奖罚方案。

④负责清收清欠台账管理，定期编制清收清欠报表和清收清欠管理台账。

⑤负责清收清欠工作的分析、总结、通报，并及时提出管理建议。

⑥负责建立应收款项风险预警体系，对存在风险的应收款项提出预警；（注：本办法所称应收款项包括应收账款、应收客户合同工程款、预付账款、应收票据、其他应收款、长期应收款等债权，以及经审批核销，作为账销案存管理的各种应收款项）。

⑦清收清欠领导小组交办的其他工作。

（3）签订清收清欠目标责任书。根据集团公司的《清收清欠实施细则》及分、子公司相关制度，制订清收清欠考核奖罚方案，与分、子公司签订《清收清欠目标责任书》，明确清收清欠目标、责任人及奖罚措施。

（4）落实兑现奖罚。根据签订的《清收清欠目标责任书》，根据责任书明确的相关结算、回款的节点，严格兑现奖罚。

2. 提高计量支付比例

一是加快工程计量支付报表审核、审批，缩短审批周期，确保工程资金及时支付。

二是掌握计量规则，熟悉设计图纸、技术规范。对业主和监理下发的相关文件进行研究，熟练运用合同文件所赋予的权利，了解各分部分项工程施工工艺，掌握每一个计量项目工程量的计算方法和需要提供的认证材料，做好本部门的组织与分工，并做好与其他部门的协调工作。除此之外，还必须熟练运用各种办公软件，以便更好地开展变更、计价等工作。

三是审核图纸、熟悉合同文件与工程量清单。按清单的顺序根据图纸逐项核算工程量，对于差值大的项目和清单漏项要及时逐级上报，以免耽误计量。在审核过程中应根据分部分项划分的顺序，建立清单各章节计量台账。

四是计量人员应密切结合现场情况，及时收集整理变更资料（如施工工艺变化、工程量增减、不确定量认证、地质条件变化等），并对工程量清单重新作一次预算，与已有清单单价进行对比，了解投标报价时的清单单价组成，查找单价偏差的原因，如施工工艺是否有改变；投标时没有特定要求而施工图纸改变了工艺等，为下一步变更单价做准备。

第五节　经验总结

一、科学组织管理，精心实施，争先创优提效率

1. 层层分解并不断优化施工计划。层层分解施工计划，以日保周，以周保月，以月保季；利用 BIM 技术模拟施工过程，优化施工安排；制定月、周计划效果图，施工计划和完成情况一目了然。

2. 建立生产例会制度，确保计划落地。建立生产月度例会、周例

会制度，坚持早班会、晚例会；会前沟通协调，会上统筹安排，提高生产效率。

3. 强化现场管控，领导班子率先垂范。施工现场24小时作业，项目领导24小时轮流值班，坚守施工生产一线，生产副经理蹲点重点部位亲自指挥。

4. 利用现代化沟通工具，强化现场管控。定时发布人、材、机投入等施工信息，随时掌控现场施工状态；大面积使用对讲机，指令直达现场，提高生产指挥效率。

5. 积极开展劳动竞赛，提升施工效率。每月开展劳动竞赛，奖励生产先进单位和个人，创造了混凝土日浇筑4750m^3、月浇筑73860m^3的记录，连续4个月超过6万m^3，当年完成55万m^3，受到业主的表彰。

二、推动技术创新，攻坚克难，提质增效筑精品

1. 不断优化技术方案，加快进度控制成本。根据策划提前编制专项方案，在不同范围内组织多层次讨论；结合现场情况，充分利用现有资源，从设计、工艺等方面进行优化。如通过优化下闸首左侧边坡处理方案，缩短了施工时间；通过优化下游口门区围堰施工方案，利用航道开挖出的弃土，增设外侧填土临时挡水围堰，实现下游口门区石方的提前开挖，从而确保通航节点时间可控。

2. 积极推动技术创新，全面引入BIM技术。达到了审核图纸、查找设计方案缺失的目的；提升建筑结构外观质量；实现管线综合“零碰撞”；快速实现平、立、剖等二维绘图；提取三维图像和构件信息等指导施工现场。

3. 积极开展科技研发，攻克技术难题。针对岩溶地质、超深基坑

开挖、2000 吨级大型船闸主体结构大体积混凝土连续施工等工程特点组织技术攻关，着重解决了固结灌浆浆液流失量大、大体积混凝土连续浇筑温度控制要求高、人字门安装精度高等难题，总结提炼了 7 项工法，获得 2018 年度中国水利工程协会水利行业工法 1 项，2017 年股份公司优秀工法 2 项；获得第五届天湖水利科学技术奖二、三等级各 1 项；先后申报 17 项专利技术，其中发明专利 5 项；在《港航建设》上录用或发表论文 21 篇，在《珠江水运》《铁道建筑技术》《工程爆破》等核心期刊上发表论文 6 篇，在《人民珠江》上发表了论文集（25 篇）。

（1）固结灌浆施工主要创新点：按照“疏导结合，先疏后堵”的原则；采取“设置泄压集水井，结合双液灌浆”的创新技术，解决了浆液受流动水冲蚀流失率大的难题。

（2）输水廊道施工主要创新点：摒弃了传统的满堂脚手架工艺，采用安装混凝土应力监控系统的简易台车施工，缩短了工期，提升了质量。

（3）人字门安装主要创新点：利用 BIM 技术模拟人字门的安装过程，实现数字化、可视化交底；根据加工误差和安装误差，模拟后续安装，提前获知并控制后续安装误差，提升了安装质量。

（4）大体积混凝土施工主要创新点：通过室内对比试验选取最优配合比，并不断优化；通过骨料堆高存放、棚内喷雾、地垄上料等措施降低骨料温度；拌合水掺入冰片，降低混凝土出机温度；低温时段浇筑，选择摊铺工艺，控制分层厚度，延缓水化热峰值；安装多层冷却水管和温度监控系统，实时监控并调整内外温差；采用带模养护、挂网喷淋等措施降低表面温度。

4. 重视原材料质量检验，从源头把控质量关。严格执行“四单一证”；严格执行检验程序。

5. 建立质量管理责任制，细化施工质量管理。明确各级管理人员质量责任，高度重视原材料进场检验，严格执行“三检制”，坚持“首件典型施工”制度，组织召开现场质量专题会，定期开展质量大检查，积极组织“质量月”活动。在水利部组织的全国水利建设项目质量检查中进入前10强，广西地区排名第一，被自治区水利厅通报表扬；被评为2017年广西质量管理先进单位，并获得优秀质量管理工作者1人次。

6. 广泛开展QC活动，提升施工质量并增强企业区域影响力。广泛开展QC活动，针对质量缺陷、质量隐患、工艺进行优化和改进；获得国家级成果11项，省部级成果12项。

三、开展教育培训，控制隐患，广宣重奖保安全

1. 固旬稳月保季促年，凸显安全梯级受控。以旬为管理单元，以旬报的形式定期通报，梳理和总结本旬工作，开展针对性的宣传，提出下旬管控重点。

2. 结合VR技术、二维码开展安全教育培训活动。结合VR技术、视频等开展可视化的安全技术交底，利用二维码在手机移动端直接读取最新的安全交底等相关知识，提高安全宣贯效率，提升了一线作业人员的安全意识。

3. 广宣传、重奖惩，形成齐抓共管局面。通过张贴安全旬报、奖励隐患举报、安全图牌教育等举措，提升了全员安全意识及参与热情，实现了安全防范“点、线、面”的全覆盖；获得了2016年度广西水利建设工程文明工地，2017年股份公司安全质量标准化工地。

4. 采取针对性措施，消除事故隐患。结合现场实际情况，形成“识别→预警→监控→处理”的程序，对重大危险源点实行动态监控，

建立动态监控台账，记录危险源变化情况。

四、合理统筹安排，动态调配，保供降耗控成本

1. 建立后勤保障工区，统一调配机械设备、材料供应。

2. 强化物资统筹管理，降低成本，保障供应。钢材、水泥等大宗材料按一周用量估算储存，砂石料为自行生产，按 15 天的用量备料；钢筋等需加工的大宗材料实行加工厂、领用方两级领料制，每月分别核算，最大程度降低材料损耗；建立零星材料集采管理制度，根据需用计划阳光采购。

3. 采用“倒包方”计量方式，降低地材损耗。“倒包方”计量方式是根据确定的配合比，以生产的混凝土数量，反算砂、碎石的用量作为结算依据。采用该计量方式降低了地材的损耗，转移了库存地材的资金压力；3#搅拌站生产混凝土约 15 万 m^3，所需的 27 万吨地材全部外购并采用了“倒包方”的计量方式，每月减少约 54 万元的资金占用，避免了过程损耗及库存余料，节省损耗费用约 137 万元；过程中不需要收料及保管人员，每月节省开支约 3 万元。

4. 机械设备动态调整，统一管理，提高了利用率。针对“点多、线长、面广”的特点，不断优化设备配备方案，调整设备规格型号；根据施工进度陆续投产 3 台 HZS180 拌合站，满足日产 $3000m^3$、高峰期 $5000m^3$ 的要求；每日提报次日的设备使用申请，在例会上统一安排，白班、夜班均衡使用，避免设备闲置现象，提高了设备的利用率。

5. 加强员工管理，建立以绩效为导向的薪酬体系。加大绩效工资在收入中所占比重，收入向一线管理人员倾斜，个人收入与项目产值和个人绩效考核成绩挂钩，对为项目建设作出特殊贡献的人设置特别奖励。

五、严控管理成本，开源节流，多管齐下增效益

1. 完善制度及体系建设，提升成本管理。组建了责任成本领导小组，成立了船闸段、生产辅助系统、上下游引航道、环水保、项目部共五大责任中心，努力提升项目创效能力；在成本预控中增加了二次经营工作交底和税务策划；动态监控项目经济运行情况，发现问题、查找原因、及时纠偏。

2. 基坑渗水回收再利用，降低了施工成本。船闸基坑渗水含泥量大，抽排至船闸两侧水箱，经不同沉淀处理后分别用于船闸施工生产、车辆清洗、路面降尘以及冲洗、绿化养护等，其中，大体积混凝土中冷却用水和养护用水 90% 由基坑排水提供；解决了施工用水采用井水或抽取江水，且时常供应不足，而基坑渗水直接排放的矛盾；减少了废水排放对环境的污染，节省用水约 100.5 万 m^3。后经总结归纳，申报了名为《深基坑排水回收利用系统》的国家专利。

3. 开挖石方回收再生利用，提升了项目效益。项目土石开挖达 1622 万 m^3，项目解决了岩溶地质条件下开挖岩石含泥较多、难以再利用的难题，将开挖石方回收，经多次筛选、加工后再利用，实现了资源的有效利用，降低了施工成本，减少了弃渣对周围环境的不利影响，避免了弃渣与建设绿色工程的要求不相适应的问题。其中 98 万吨石头用于生产混凝土，13 万吨石头用于生产边坡防护的浆砌石、格宾石笼网工程。

4. 加强二次经营管理，促进开源创效。由于本项目的变更要符合《关于印发加强南宁市政府投资建设工程设计变更管理的通知》（南发改城市〔2014〕431 号）的要求，程序非常复杂、严格，超过 50 万元的变更需南宁水利局组织相关部门审批。因此，项目部将大量现场变更

优化为施工蓝图直接计量，避免了审计风险；优化后，项目部上报新增单价 81 项并得到了批复，并加强了变更索赔管理，从多个角度进行变更索赔，主要如下：

（1）优化为蓝图的变更主要包括补充边坡临时防护、不良地质边坡处理、下闸首左侧边坡垮塌、上下游分流墩围堰结构优化等。

（2）其余变更主要包括：门闸结构调整、起点段水下边坡方式调整、靠船墩边坡垮塌等。

（3）清单漏项。

第六节　下一步研究方向

一、做好竣工结算

项目部将加强结算资料收集整理工作，清理变更索赔报告，确保变更及时落地，制定完工项目结算目标计划，编制结算报告，做好项目结算和竣工审计；及时对分包商进行结算。

二、加强考核和奖励

项目部已建立责任成本考核奖励办法，定期对各责任中心的成本管理和效益情况进行分析，并依据办法考核奖惩，落实成本管理责任，实现管理效果与个人收益相匹配，促进项目整体成本管理能力提升。

第二章　某Ⅲ级船闸项目责任成本管理

某Ⅲ级船闸上下闸首口门宽34.2m，两侧设置10cm钢护木，边墩宽度为11.2m，闸首总宽度为56.6m，上闸首长43.5m，下闸首长41.4m；闸室总长284m，共分为14个结构段，从上游往下游起第一节长24m，其余每节长20m（如图2－1所示）。闸室墙口宽34.2m，净宽34.0m，墙面设10cm厚钢护木；上下游导航墙长度均为160m，分为圆弧段和直线段，根据现场实际地理情况和地基承载力情况，挡墙分为多种结构形式，划分为重力式挡墙和扶壁式挡墙。护坡根据水位情况和地质情况，分为模袋混凝土（水下）、铰链排（切滩处）、混凝土大板（水位变动区域）、浆砌石拱圈（最高水位以上迎水面）、草皮护坡（背水面）等多种形式。上、下游远调站长度均为100m，上下游锚地长度均为300m，上游采用重力式结构挡墙，下游采用扶壁式结构挡墙和重力式结构挡墙结合。为保证枯水年份通行，减少航运耗水量，某Ⅲ级船闸设计了一级省水池结构，省水池与闸室通过输水廊道相连，由泵站配合，从下游（临海侧）抽水至闸室抬升闸室内水位，以达到上游不往下游放水的目的。

某Ⅲ级船闸全线跨度较大，上下游锚地之间相距约6km，管理战线长，资源统筹和调配难度大，专业横跨疏浚、内河水工、房建、金结、电气等多个专业，项目成本涉及因素多、周期长，整体控制难度大。

图2-1 某Ⅲ级船闸主体结构示意图

第一节 成本预控

一、工程量预控

获取准确的工程量是做好项目成本管理的前提条件。在项目落地和项目部组建后，由于项目技术人员可能来自不同专业，各专业工程量计量规则不同，首先，应由项目合约部对业主招标文件、总承包合同条款和内河水工清单计价规则进行统一宣贯，着重宣贯计量规则和工程量计算规则，讲解与其他专业不同点。其次，由项目总工带领工程部人员，对施工图纸所涉及的实体工程量进行计算整理，测量部门结合地勘报告进行开工前的原地面测量工作，对土方工程量进行复核。最后，由合约部人员结合计价规则将工程部和测量部提供的工程量与中标工程数量清单匹配对比，查找图纸量与实际工程量差异，确定项目真实收入。工程量复核完毕后，应对中标工程量清单中量差对我方不利的地方提前谋划，报告监理及设计单位，留下痕迹并结合现场实际和清单单价，尽早召开小规模的碰头会议，对二次经营提前谋划。

二、方案策划

工程项目开工前，应进行详尽的现场调查，结合与业主签订的合同及施工现场的自然条件，依据现场实际情况，设计文件，施工合同，施工条件，协作队伍，各种材料、设备市场价格和供货渠道等因素，分专业制定多种工、料、机配置方案和施工组织措施、施工技术方案。由项目经理组织各专业人员，按照科学合理、经济适用的原则，对确定的各种方案进行优化比选，合理确定工、料、机等施工资源的最佳配置，在满足安全、质量、工期要求的前提下，以降低工程成本、提高经济效益为目的，尽可能采用量化分析和网络计划技术，编制切实可行的施工组织设计和施工方案。本章主要对船闸施工的以下几个部分进行介绍。

1. 临时工程

对船闸工程来说，临时工程除了常规大小临外，还包括大量的便道、临时围堰和导流工程，这些临时性工程在总承包合同中一般都是总价包干的，所以做好临时工程策划是做好船闸项目责任成本管理的基础。

便道工程应提前从空间和时间两个角度全面策划，空间上要考虑到土方工程工作面展开、打桩设备、起重设备、泵送设备进场和回转。时间上要考虑到工期因素，部分施工速度快的结构，便道可以从简；主体结构工期长，需要跨汛期跨雨季，宜修筑较高规格的便道，避免重复修筑，造成成本增加。视现场条件，项目部可提前采购部分铺路钢板，作为桩基、泵车等重型机械的工作平台。

围堰和导流工程应尽量与闸塘基坑开挖结合起来以达到土方平衡的目的，减少挖运次数。船闸工程一般挖方量大于填方量，在土方充裕，土质条件允许的情况下，宜采用土围堰形式，尽量少使用钢板桩围堰。

2. 土方工程

土方开挖主要包括船闸主体基坑、上下游靠船墩、导航墙基坑开挖、上下游引航道土方开挖、闸下锚地土方开挖、围堰拆除等。土方回填包括上下闸首、闸室、上下游导航墙、堤防工程等部位的墙后回填以及堤防回填。

基坑开挖前，首先修整施工便道，满足车辆通行要求，布置通向弃土区施工道路，降水井降水后，可进行试开挖验证边坡坡比设计情况。然后根据试开挖情况提出详细的基坑开挖、基坑防护措施方案。降排水工作是决定土方开挖效率的前置条件，宜先按照设计要求布置降排水措施（管井、排水沟、截水沟等），若仍不满足开挖条件，可上报监理、设计院，要求增加降水和阻水措施（轻型井点、止水帷幕等）。土方平衡策划是土方工程的创效关键，策划应根据土方干湿条件、现场运输条件、工序以及其余工点的土方需求合理规划土方调配方案，并在施工过程中结合实际情况灵活变动，尽量减少重复开挖和倒运工序，做到挖填结合，减少对下工程量，降本增效。

3. 地基与基础处理工程

地基与基础处理造价较高的部分主要是桩基础工程，常见的是预制 PHC 管桩、钻孔灌注桩、水泥搅拌桩、碎石桩等工艺。结合目前业主单价和材料、劳务单价来看，钻孔灌注桩利润较高，PHC 管桩只能购买成品，受供货商制约大，对现场便道条件要求极高，但利润不高甚至可能存在亏损。在条件允许的情况下，宜将 PHC 管桩变更为钻孔灌注桩。

4. 钢筋混凝土工程

闸首工程是一般船闸施工的关键线路，闸首具有空腔多，廊道复杂，预埋件多等特点（如图 2 - 2 所示）。闸首混凝土浇筑原则如下：先对称浇筑左右边墩底板后浇筑中间底板，并预留施工缝，混凝土浇筑由下而上分批分层浇筑。第一批浇筑边底板；第二批浇筑中间底板；第三批浇筑廊道层；第四批浇筑施工宽缝；第五批浇筑空箱至启闭机空箱底板；第六批浇筑启闭机空箱至闸首顶部。上下闸首边墩施工过程中，左右侧边墩混凝土应基本保持相同浇筑速度及层数。闸首混凝土浇筑前应详细从各个维度策划，大体积混凝土配比可用其他次要结构预先做试验段优化，确保万无一失。闸首底板外侧采用木模钢模均可，廊道内模宜采用钢模板，其余模板宜采用木模板。因闸首工期较长，上下闸首各配备一台塔吊。

图 2 - 2 闸首三维施工效果图

闸室工程是船闸施工极易出形象进度的部分，闸室底板宜分块跳打，木模钢模均可，需注意大体积混凝土温控。在闸室底板连成段后进行移动模架的组装，闸室墙身混凝土采用移动式龙门架吊装墙身钢模进行快速支拆。其余锚地、引航道、护坡等均为素混凝土大板、格梗及重力式和扶壁式挡墙等常见工艺。

5. 金属结构和设备安装工程

船闸上下闸首人字门、启闭机、闸阀门及省水池阀门是船闸施工专业性极强的部位，一般业主会将此部分另外招标。此部分宜采用专业分包模式，选择实力强，口碑好的厂家，包工包料包二次设计。项目部应在混凝土结构施工期间提前与厂家形成有效沟通，让厂家提前发现图纸中不合理之处，以便提前修改设计，并要求金结厂家现场指导，确定预埋件位置和要求，避免后期返工和扯皮。

三、分包策划

按照“经济高效、科学制衡、合同规范、管控有力”的原则，构建以劳务分包为主体、以合法专业分包为补充、严禁“大包”（工程转包、违法分包）的作业层管理模式。合理选择与确定施工队伍承包模式、专业类型、队伍数量、劳动力配置要求、组织管理方式、劳务价格、计量结算规则等，有效防范施工队伍管理风险。项目施工生产核心资源如混凝土拌合站、主材加工、大型专业设备和模具、检验测量设备、周转材料等由项目部掌控。船闸施工主要包括临时工程，土方工程，桩基工程，闸室、闸首、导航墙等结构物施工，金属结构制作及安装等。现对各工序分包项目进行策划分析。

1. 临时工程

临时用电和临时用水宜提前与当地供电供水部门交流，在价格合理的前提下，优先选用当地队伍，以便相关手续的完善。便道、降水、导流、围堰等宜交予土方队伍施工。小临、拌合站、钢筋厂、预制场等可视掌握的分包资源灵活切分或打包。

2. 土方工程

因船闸工程土方量较大且工期紧，单个队伍的机械资源往往难以满足工期要求，可视情况拆分标段进行分包，以便灵活切割工程量，确保分包履约，保证现场进度。队伍自带设备有利于设备管理，能有效防止因为设备效率低而增加项目成本。该项分包时注意以下几点：

①选择的协作队伍须资金充足、自有设备充足，机械设备以及操作手证书齐全。

②明确计量方式为按实测断面方计量，避免产生纠纷。

③基坑开挖期间的降排水宜采取总价包干方式，在土方队伍提供完工作面后即可将降水移交给下个工序施工队伍，可以有效倒逼土方队伍提高开挖效率。

④合同应明确界定安全文明施工、便道洒水降尘维护等边界条件，并坚决按照合同严格管理，避免因安全文明施工、环保等问题被处罚。

⑤便道工程宜交予土方队伍施工，并明确技术要求和保修责任。

⑥船闸基坑内施工周期长，经常因下雨、防汛等原因，需要应急填筑，或用挖机施救其他施工车辆，土方工程贯穿船闸主体施工全程，所以土方队伍的部分机械常驻现场，使用其机械比零星租赁成本更低。

3. 桩基工程

PHC 桩施工速度快，沉桩质量可靠，PHC 管桩是工厂化、专业化、标准化生产，桩身质量可靠；运输吊装方便，接桩快捷；机械化施工程度高，操作简单，易控制；在承载力、抗弯性能、抗拔性能上均易得到保证，PHC 管桩承载力设计值要比同样直径的沉管灌注桩、钻孔灌注桩和人工挖孔桩高。招标前需要根据现场地质条件等因素确定施工工艺，不同的施工工艺对协作队伍的要求也不同。分包策划时应注意明确边界条件，特别是设备进出场费用，施工现场的水电费、燃油费、替打费用、送桩费用、卸车费用等，如存在接桩，还需约定接桩的条件及计量方式。

水泥搅拌桩工艺较为常规且施工速度快，分包招标时注意明确好甲、乙双方责任和边界条件，约定好材料损耗率，关键注意浆液比重控制，根据确定的水泥掺量和相关参数（本工程采用20%水泥掺量），施工中随时用比重计检测。施工时在搅拌筒每筒用比重计实测浆液比重，符合要求的浆液才能送到桩机储料筒里。

灌注桩工程可根据规模大小，选择1～2家施工队伍，项目部提供钢筋、声测管、混凝土等主材，分包队伍的施工内容应包含：钢筋制安、成孔、混凝土灌注、泥浆池开挖、泥浆外运及部分安全文明施工责任。需要明确各种材料的合理损耗率，对于超耗，要界定原因，在分包结算中予以扣除。若选择两家施工队伍，可在施工过程中根据施工队伍的履约情况，通过灵活切割工程量的方式，形成相互比拼的竞争氛围，有利于现场进度。

4. 结构物施工

船闸主体结构物是船闸工程中最重要的工作之一，闸首、闸室等结构物种预埋设施多，特别是闸首部分，廊道部分结构复杂，施工技术难度要求高；大体积混凝土对混凝土内温度控制要求高。工程材料使用量大，措施投入也大，宜采用甲供主材和核心机械的劳务分包模式。上下闸首、上下游导航墙、闸室等主体部分可视结构物类型和地理位置，拆分为2～3个合同。在分包策划时应注意：

①必须选择有船闸施工经验、人员组织能力强的协作队伍。

②材料方面，一是注意对价值较高的措施材料的约定（如降温管），建议由协作队伍自行负责；二是主材损耗率的约定，船闸中措施钢筋用量较多，应在合同中约定好损耗量，控制浪费行为。大体积混凝土只能省，不能超，损耗率应定为0%。

③在土方队伍提供完工作面后，基坑降水应移交给混凝土队伍，并

且合同约定总价包干。

上下游远调站、锚地、大板护坡等结构物施工工艺较为常规，宜采用甲供主材的劳务分包模式。宜根据地理位置，选择多家分包单位，形成相互竞争，劣者淘汰的竞争氛围。根据现场实际情况，可考虑优化混凝土配合比、调配低坍落度混凝土等方式，可降低大方量混凝土成本。

5. 金属结构制作及安装

船闸金属结构制作及安装工作技术含量高、专业性强，需专业厂家制作安装，宜选用包工包料包二次设计的专业分包的模式，在分包策划时考虑以下几方面：

①协作单位必须有相关资质以及同类型闸门的施工经验，同时要考虑厂家加工厂到安装现场的距离，若距离太远，应要求协作队伍在安装现场所在地、市附近制作加工。

②钢材价格对金属结构的成本影响极大，宜在合同中约定材料预付款和调差条款。

③因金属结构涉及原料采购、加工、运输、安装、调试等多个步骤，需仔细约定计量规则，一些特别项目可能涉及二次设计，需约定二次设计费用承担方式，避免产生争议。

④启闭机一般利润较高，闸门利润较低，宜将其打包进行专业分包，便于谈判压价。

四、设备物资策划

船闸工程需要物资种类多，且单种材料需求数量较大，常规主要材料中除钢筋、混凝土外，还有土工布、钢闸门、PHC 管桩、系船柱、软式排水管、碎石、路缘石、橡胶护舷等。

在项目前期策划阶段，工程部应按照图纸和初步的施工方案和计划，列出各时段项目所需船机、地材、钢材、周转材料明细。设备物资部对集团内部资源、周边资源进行初步摸底，特别是大型船机和周转材料，需根据集团自有情况随时调整工艺，以达到降本增效目的。特别注意图纸或图纸说明中的不常用材料，往往是专利产品，可能在施工过程中被卡脖子，要提前摸排，尽早变更。

1. 地材

对于地材，应在材料进场前充分调查市场，通过实地考察等方式，掌握项目周边包括块石、碎石、河沙、机制砂等地材的分布、价格、质量以及近期的动态。对于不同部位的不同技术要求和表观质量要求，采用分档选材、分档用材的方式，同时在过程中严格控制材料损耗，追求利益最大化。

2. 混凝土

船闸工程混凝土用量大，一般以自建搅拌站为主供应混凝土，同时在临建建设时需要使用商混，此时要摸排附近多家商混站，签订合同，确保项目实施过程中混凝土供应。在施工过程中，要根据现场原材料质量、温度、布料方式等，以创效为导向，不断优化配比，达到降本增效的目的。在施工管理过程中，要严控混凝土损耗，超方坚决在过程计量中予以扣除。

3. 钢筋、型钢

船闸工程钢筋需用量大，是物资管控的重点。在物资管理中，对协作队伍应采取限额领料和定期盘点的办法，以分析物资节超和制定相应的对策。

4. 其他物资采购

PHC 桩、预埋件、系船柱等材料基本无损耗，成本管控重点在于招标时充分引入市场竞争，合理低价中标，还要确保在一家单位有断供趋势或者坐地起价后能迅速找到另一家保证供应。

船闸金属结构是船闸施工专业性极强的部位，一般业主会将此部分另外招标。此部分宜采用专业分包模式，选择实力强，口碑好的厂家，包工包料包二次设计。因闸门及配套设施加工周期长，厂家垫资大，物资或者分包合同签订宜加入钢材调差条款和预付款条款，确保厂家加工和安装进度可控。

5. 零星物资和周转材料

船闸施工管理难度较大，建议低价值零星物资由协作队伍自行采购。木模板、脚手架等周转材料由协作队伍自行负责。大型钢模板由项目部供应，应充分调动集团内部资源，能利用能改造的尽量由内部调拨。

五、责任预算编制

项目部责任成本管理体系是顺利推行责任成本的基本保障，责任成本管理体系涵盖了各项工作开展所涉及的各个方面。

1. 组织体系

为规范项目部合同管理，加强成本控制，提升项目盈利能力，项目部成立了责任成本领导小组，项目经理任组长，项目书记、总工、商务经理任副组长，各工点分管副经理任组员。领导小组下设工作小组，商务经理任组长，工区各部、室长任组员。

2. 制度体系

项目部严格执行股份公司及集团公司责任成本管理相关规定，并结合实际情况，编制了项目部《合同管理实施细则》《变更索赔管理实施细则》及《责任成本管理实施细则》，保证了责任成本管理工作规范化、程序化、制度化。

3. 信息化管理

为加强项目部合同管理、成本管理、二次经营管理等信息沟通工作，确保项目部各部门之间沟通协调更加通畅，同时便于上级单位对本工程项目的指导和管控，项目部按照集团公司相关管理规定建立了完善的信息化管理体系。本项目工程信息化管理主要通过浪潮系统、合同月报、成本管理网络报表、成本测算季度报表、变更索赔报表及月度经济活动分析进行反映。

4. 责任中心划分

本项目因涉及工点太多，按照工点划分为某船闸工程责任中心、航道工程责任中心、水利工程责任中心、某高速桥和某公路桥责任中心、某线桥和某桥责任中心、临时工程责任中心、管线改迁及其他工程责任中心，间接费、其他直接费、财务费用等，按照产值比例并综合考虑管理人员配置情况，拆解至各责任中心。

第二节 过程控制

一、临时工程

主要包括项目部驻地、工人生活区、拌合站、钢筋加工场地、临时便道。

1. 项目部驻地及工人生活区

项目部驻地和工人生活区选择租赁或者自行建设，主要考虑工程规模、工期、距离现场远近、人员数量、现场条件等。项目部驻地和工人生活区成本控制的关键在于提前谋划，充分考虑征地、地理条件、交通条件等，主体材料尽量选用可重复使用且方便拆装的。对挖填土石方、硬化混凝土和砌体工程量要重点控制，避免重复多次投入。

2. 拌合站及钢筋加工场

船闸工程混凝土需求量极大，拌合站宜靠船闸主体就近布置，考虑到国家环保政策日益收紧，应合理布局料仓，在地材价格较低时充分备料。

船闸主体工程钢筋需求量较大，主体部分分为闸室、闸首、锚地等多个协作队伍，宜根据工期、分包情况，合理规划钢筋棚内区域，尽量做到队伍之间不交叉、不扯皮。

二、船闸主体工程

船闸施工方案比选主要包括以下几个方面：

1. 土方开挖、回填和降排水

项目前期策划阶段，应根据图纸、地勘报告、现场征地情况、主体施工顺序，制定详细的土方调配方案，规划好便道，尽量做到挖填结合。根据设计及工程现场情况，基坑开挖前，首先修整施工便道，满足车辆通行要求，布置通向弃土区施工道路，降水井降水后，可进行试开挖验证边坡坡比设计情况。然后根据试开挖情况提出详细的基坑开挖、基坑防护措施方案。船闸施工开挖深度较深，需要进行基坑降水和排水。基坑开挖时产生的渗水和雨水采用明挖临时截水沟、排水沟结合集水井的排水方式。降水方案需根据开挖深度、地下水情况、土体性质等进行选择。充分考虑降水管网的布设及排水线路的设置。因船闸基坑一般临近天然河道，地下水丰富，淤泥层多，加上开挖方量大，工期长，施工黄金期短，雨季汛期等因素，为满足桩基和主体混凝土施工要求，设计降水措施若达不到要求，可采取增加管井、止水帷幕，补充轻型井点等措施（如图2－3所示）。在施工前，应完善相关变更手续，争取收入。在前期策划中，应充分考虑土方平衡调配，尽可能地进行挖填结合，本船闸施工土方开挖及回填量较大，开挖量208万m^3，墙后回填及大堤回填量143万m^3，船闸范围长度5.85km，合理的土方平衡策划及运距规划可节约大量施工成本，所以土方平衡前期策划要合理，并且在施工过程中根据实际情况灵活调整，尽最大的可能实现土方平衡。

图2－3 上闸首基坑关键线路补充轻型井点结合降水

2. 模板配置

船闸施工主要以大体积混凝土为主，模板选择及配置尤为重要，闸首、闸室、导航墙、靠船墩、上下游锚地、护坡等结构采取不同的模板配置。

闸首底板使用木模板钢模板均可，后浇带采用木模板，边墩内外模采用木模板和脚手架，廊道内模采用月弧形定型钢模板。钢模板在专业加工厂制作，特别要注意圆弧部位的板形，板后加横向竖向槽钢围檩，安装时，拉条对拉，钢管固定。

闸室底板及加强角采用定型钢模板拼接而成，主要靠吊机进行安装，人工辅助，在完成至少三段底板混凝土施工后即在底板上铺设轨道，进行移动龙门架的组装，闸室墙身混凝土采用移动式龙门架（如图2－4所示）吊装墙身钢模进行快速支拆，施工时优先施工较长节段墙身混凝土，较短节段墙身混凝土待其浇筑完成后改造模板。闸室墙迎水面采用大片钢模板、临土面使用定型钢模板。闸室墙迎水面、临土面模板均采用定制移动式龙门进行整体装拆与运输，施工方便，可节省大量吊车费用。

图2－4 移动式龙门架

本工程在施工前主要考虑了三种支拆模板工艺，即汽车吊支拆分层浇筑工艺、轻型模架式（钢架式）支拆工艺、移动模架（贝雷架式）支拆工艺。本闸室墙模板长19.98m，高9.72m，单侧重量59t，轻型模架式支拆工艺安全性不能保证，在对比了汽车吊支拆分层浇筑工艺与移动模架支拆工艺的效率、成本后，选择了移动模架支拆工艺施工。本工程的闸室墙施工采用门架式移动高大模板工艺，除首节施工较为复杂外，其余段施工简单高效，支拆便捷，经济效益好，且不需使用汽车吊。贝雷架强度高、抗弯性能好、安全可靠性高，在混凝土按照施工要求正确浇筑、钢模板面良好的情况下，混凝土外观质量较好。贝雷架是本工程倒虹吸工程采购的贝雷架的二次利用，完成拆除后可再次使用。

导航墙、靠船墩、上下游锚地、护坡等结构工艺较为简单，木模板、钢模板均可，一般也不在关键线路上，宜根据现有模板资源配置进行改造，合理周转，进行充分的比选，选择最经济的模板配置。

船闸导航墙、靠船墩、远调站、锚地、航道维护基地模板全部使用之前项目钢模板改造而成，大大节约了模板成本，并且通过过程中质量控制，浇筑的混凝土外观良好。

3. 混凝土浇筑

闸首和闸室底板等大体积混凝土施工，施工面较为宽广，宜多使用皮带式布料机入仓。此方法，一是能使用低坍落度混凝土降低水化热，减少了冷却管等投入；二是施工速度快，入仓效率高，对混凝土坍落度和级配要求不高；三是能显著降低水泥用量，节省成本。

在大体积混凝土施工中，通过实验的方式，使用双倍的 PE 管作为冷却管代替 Φ40mm 钢管，大大降低了材料成本，且保证了温控效果。

其余混凝土入仓受地形限制较大，考虑现场情况进行经济比选，可灵活选取汽车泵、地泵、使用起重设备 + 吊罐、自卸等入仓方式。使用泵送设备时应多工点统一调配，做好浇筑计划，充分发挥设备效率。

4. 措施钢筋

本工程闸首、闸室及靠船墩导航墙需大量措施钢筋，如闸首、闸室底板为 3m 厚，上下两层钢筋网片之间需架立筋支撑，重力式导航墙及靠船墩需大量拉筋，因钢筋成本较高，在前期策划中，考虑了两种优化方式：一种为预制混凝土条架立筋，另一种为薄壁钢管代替架立筋。在综合分析成本、工效、支撑效果后采用薄壁钢管支撑代替架立筋的方式，节约了施工成本。

5. 分包成本控制

船闸工程施工战线长、体量大、工序多、工期长，施工内容涵盖航道疏浚、土方开挖、桩基施工、大体积混凝土施工、边坡防护、管理区建设、金属结构安装、电气化等多领域。为保证工期，现场会有多个作业面同时展开施工，作业队伍及人员较多，统筹管理难度偏大。分包招标时应把控以下几项原则：

①便于项目现场施工组织管理，按整体单项或者分区分段、易划清责任界限、尽量减少工作面交叉干扰。

②根据进度需要便于分批次招标，分包分段的划分与工程进度推进紧密结合。一是根据进度需要的紧急程度在适当的时候进行分包招标，二是可以在已进场单位中进行选择，发挥优秀分包单位的优势。

③有利于分包单位竞争，包括投标报价竞争和现场施工竞争，把作业内容和技术特点相近的项目合在一个标中，以减少施工设备等的重复配置。

④严格控制分包单价，原则上不能超过集团公司指导价，招标过程中应充分引入竞争，采取多轮议价的方式。对于工程量较小的零星工程和辅助工程，因规模较小，单价难以控制，应尽量在现有分包单位中选择，尽量以不高于原合同单价分包出去。

根据施工专业的特点、本单位掌握的资源以及地方相关市场成熟度，合理采用专业分包或劳务分包。关键技术、关键资源控制在项目部，利于对项目的质量、安全、进度控制。

6. 物资成本控制

一是材料计划上报要及时，使物资部门招标时有充裕的时间，充分进行市场竞争，减少应急采购。二是物资采购的前瞻性，提前摸清市场，对于大宗材料，如地材、钢材可在市场价格较低时提前采购。三是盘点的及时性和准确性，发现超耗，给队伍提前预警，月度计量中要及时扣除。四是现场管控，在规范允许、质量达标的范围内，多吃“负公差”，尤其是大体积混凝土。

7. 船机成本控制

除塔吊、钢筋厂龙门吊、闸室移动龙门架和泵送设备外，建议其余施工所需吊车和小型机具由分包队伍自带，包含在分包综合单价中，避免因设备工作效率低造成成本额外增加。

8. 安全成本控制

船闸工程施工涉及土方深基坑、高边坡、高空作业、高大模板支拆、金属结构安装、临时用电、临水临边作业、船机作业等危险性较大的作业，安全风险管理突出，管控难度大，在施工过程管理中，比较特殊的主要有以下几点：

（1）深基坑开挖。

①土方施工应遵循分区、分层开挖的原则。岸坡开挖宜自上而下分级开挖，分层开挖的台阶高度应根据设备性能确定，并满足设计及规范要求。挖掘机边坡施工时，禁止同断面附近同时施工。

②开挖时严禁在松动土方下方作业。弃土下方有危及的通行道路，应设置警示标志。作业时，应设专人看护，并严禁通行。

③机械作业时应有专人指挥，机械与作业人员、边坡、沟槽的边线应保持一定的安全距离。工作场地应设置人员安全立足点。

④开挖过程应监测边坡的稳定性、围堰及临近建（构）筑物的沉降与位移、地下水位变化等项目。出现异常情况时，应及时采取防护措施，撤离施工机械与人员，待确认安全后方可恢复施工。

⑤船闸工程一般涉及深基坑，当基坑深度≥3.0m 时，必须制定专项施工方案，并按规定进行报审。当基坑深度≥5.0m 时，或虽未达到 5.0m 但地质条件和周围环境复杂、地下水位在坑底以上的基坑，专项施工方案必须组织专家论证。

⑥基坑施工应设置有效降、排水措施，满足施工及防汛要求。已开挖的地段，坡顶应设置截水沟等措施。基坑每层开挖均应在完成本层降

水且稳定后继续进行。基坑开挖发生流沙、管涌等突发情况，应立即采取回填土方式或注水等应急措施。

（2）高大模板支拆。船闸工程使用的高大模板极多，尤其是闸室墙的模板支撑及吊装系统采用大型跨闸室可移动组合式模板支架，模板支架兼作整块模板的运输、拼装和拆卸，且属于超过一定规模的高大模板，危险性较大，建议采取以下安全技术措施：

①闸室墙施工应编制专项施工方案，并组织召开专家论证会对专项施工方案进行论证。

②移动式龙门支架可采用移动式贝雷，模板的支架应有专项安全稳定性计算。

③龙门支架的牵引可使用手动葫芦、卷扬机等，牵引速度必须缓慢且两边同步。牵引绳牵引时需两边保持平衡。

④龙门支架就位后需安装斜撑临时稳固并进行龙门限位锁定。

⑤采取平衡对拉等模板加固措施，浇筑过程应有专人对模板支撑系统进行观测，发现有松动、变形等情况，必须立即停止浇筑，撤离作业人员，并采取相应的加固措施。

（3）金属结构工程。

①应按规定编制闸门及埋件预组装、起重运输、闸门安装、闸门试验与试运行专项安全方案，经审批后严格按照方案实施。

②高处作业、脚手架和作业平台的搭设应符合相关规定。

③闸门槽模板及杂物应清除干净，并应在吊装前复测检查门槽脱模后的尺寸。

④使用锉刀、铲等工具，不应用力过猛。不应使用有卷边或裂纹的工具，工具上的油污应及时清除。

⑤闸门及埋件应堆放平稳、整齐，且支承牢固，不宜叠层堆放，并应留有人员和起吊设备的通道。

⑥雨雪天气条件下进行露天作业，应采取相应的防雨雪和防滑措施。

⑦当焊接作业区域通风不良时，应采用抽风机增强空气流动性。夏天焊接作业时，应采取防暑降温措施。

⑧安装特制的自升、自锁式钢吊篮必须经过负荷试验和验收后方可使用。

9. 质量成本控制

船闸工程的主要质量风险包括混凝土质量风险、钢结构制造和安装风险、基础处理和墙后回填风险等。

（1）混凝土质量风险。冬季施工，混凝土强度存在质量风险。需做好冬季混凝土保温措施，确保混凝土强度满足设计要求。

混凝土质量风险表现为表观质量差、标号不够、线型不符合要求、钢筋保护层合格率低等。要严格控制原材料质量，保证混凝土质量满足要求；加强过程控制，重点检查模板的线型和钢筋保护层。

（2）钢结构制造和安装风险。钢结构施工涉及大量预留孔洞和预埋件，闸阀门结构对安装精度要求很高，在混凝土施工过程中，应要求钢结构厂家提前驻场，参与相关预留孔洞和预埋件施工。

钢结构安装精度要求高，混凝土施工时不易控制，现场焊缝质量不易保证，且需要有良好的闭水性。如果施工质量达不到要求，将会产生严重的后果，若发生闸阀门安装渗水、构件就位偏差不宜启闭，返修是很难实现的。因此，施工过程中，应加强现场质量控制，及时纠偏，加强测量控制和过程中检测工作，确保施工质量。

10. 工期进度控制

船闸施工涉及深基坑开挖，需要编排合理的施工计划，提前降水，基坑内桩基和主体要抓住施工窗口，对交叉施工工序需要及时协调，尽量缩短工期，注意关注天气变化，及时降排水，避免工期延误造成基坑多次度汛。

对船闸工程混凝土主体部分来说，上闸首是关键线路，施工过程中要格外重视。同时要兼顾金属结构尤其是人字门、启闭机的加工进度，合理安排衔接 PHC 桩、闸门等大型材料或者构件的堆放和进场时间，避免堆放不合理或者进场不及时造成窝工。提前准备下道工序施工的各项工作，在最大限度上缩短工期。

第三节 变更索赔管理

一、变更索赔点

1. 环境、地质条件

结合某Ⅲ级船闸施工经验，从地质条件上主要可以从以下几个方面进行变更索赔：

①地质条件与地勘报告不符，例如，地基土质和设计土质不符，造成原设计降水措施不能满足桩基和主体结构施工要求，可要求设计增加降水和止水措施。

②原地面标高与图纸不符，有量差。

③地方原因，原设计导流等措施项目征地无法进行，导流等措施总价包干，可上报联系单要求更改导流方案，减小工程量，降低成本。

2. 护坡结构形式

船闸护坡根据水位和原地貌不同，分为多种形式，主要有模袋混凝土、混凝土大板、铰链排、浆砌块石、拱圈、麦克加筋垫等形式。其中，混凝土大板、浆砌块石收入低，成本高，应尽量变成模袋或者麦克加筋垫等利润高的结构形式。

3. 政策原因

以新规范、新规定为抓手，推动此类变更，如靠船墩上部人行桥，因新规废止气囊工艺，造成原设计空心板无法生产，可变更为更普遍的 π 形梁结构。抑或是环保新规，造成部分材料停产，原设计无法实施，比如，水工上常用的二灰土变更为水泥土等。

4. 极端天气保险索赔

船闸施工工期长、基坑多，跨越雨季和汛期，易被水淹，在平时施工过程中应做好记录，留好照片，便于可能发生的保险索赔工作。

二、变更索赔措施

1. 项目人员应提前介入投标过程

在不参与资信标等商业机密的前提下，项目团队应深入地参与到投标过程中。在投标阶段，公司应提前规划好拟中标项目的项目经理和项目团队，在编标过程中，项目团队应参与到技术标编制的基础工作中，细扒图纸，找到设计院埋下的“伏笔”，找到必须要变更的点，告知以前二次经营的成功案例，为报价人员提供参考，制定合理报价策略，进行不平衡报价。应提前与市场部人员沟通好项目部擅长干什么，什么东西有现成的资源，项目部有什么周转材料可以在这个项目上继续使用，节省成本，充分的沟通能使得市场部人员掌握更精准的成本，使报价更具有竞争性和针对性，这也是两方人员共同学习进步的过程。项目经理应该参与到前期与业主、造价咨询、设计等单位的建交过程，使得业主更了解项目部存在的资源优势（比如有模板、有钢筋棚、有预制场、有分包资源），加上印象分，同时避免了经营人员和项目人员对这些单位的重复结交，降低间接成本。

2. 二次经营应提前策划

二次经营策划应该从投标阶段就有一个大方向，主要脉络要清晰。在业主合同交底时，市场部应该将投标阶段的报价策略，项目部后续的二次经营空间交代清楚，告诉项目团队报价的“伏笔”埋在哪里。项目部在前期策划阶段，应该组织技术人员、商务人员和物资人员，对图纸和清单价格再次进行一遍深摸排查，对分包、材料进行一次系统的询价，找到潜亏点和创效点，对这些点进行二次经营策划，做到心中有数，并积极推进变更索赔事项。

3. 换位思考，做负变更

决定二次经营能否推动的关键环节，是得到业主的同意。所以站在业主的角度去思考问题，想业主所想，实现双赢，是解决问题的最好方式。船闸项目多为政府投资项目，不超概算投资额是业主的一条红线。所以如果变更能为业主省钱，能为自己减亏创效，少花钱，多办事，这种变更没有理由推不动。

4. 注重过程资料收集

变更索赔项目，尤其是措施项目，面临的审减风险极大，在实施过程中一定要留好原始资料，做好过程记录，重视各项检验资料，甚至施工日志、监理日志的合规性、合理性，在过程中不断完善基础资料，完善签字手续，避免后续不能通过竣工验收和通过审计，保住二次经营成果。

第三章　某Ⅱ级船闸项目责任成本管理

船闸主体结构复杂，内部空腔多，廊道等异性结构多。另外，全线结构物多，单个结构物分边墙、底板，断面尺寸高，浇筑仓面多，上下层又需要技术间隔，资源调配难度大；施工涉及金结、电气、消防、房建、水工等各专业，相关金结、电气、消防专业对口技术人员少；项目成本涉及因素多、周期长，整体控制难度大。

某Ⅱ级船闸（如图3－1所示）闸室有效尺度为280m×34m×5m（有效长度×宽×门槛水深），上、下游引航道采用“曲线进闸、直线出闸”的布置方式，主导航墙和靠船墩布置于引航道右侧，主导航墙沿船闸轴线方向投影长度180m，上游停泊段长300m，下游停泊段总长度715m。船闸上游建设航道维护基地、远调站、停泊锚地。本章重点介绍船闸责任成本管理及注意事项。

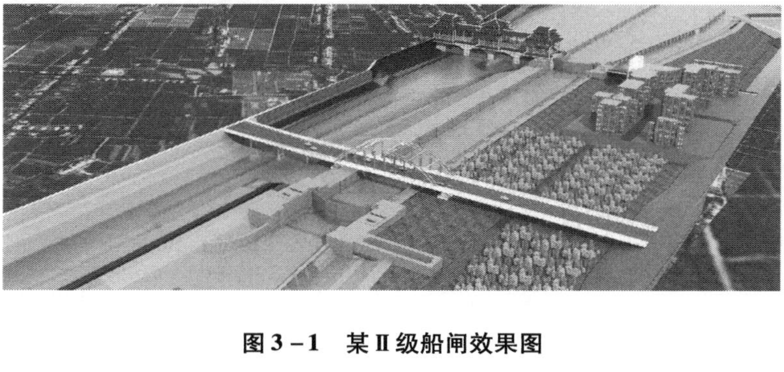

图3－1　某Ⅱ级船闸效果图

第一节　成本预控

一、工程量预控

工程数量是做好项目责任成本管理最基本的参考依据。工程数量的增减与项目的工、料、机费用的增减成正比，工程数量的控制无疑对工程成本的控制起着决定性的作用。交底不及时、方案不合理、现场管理人员责任心不强等原因均会引起工程数量的流失，给项目造成损失，故工程数量预控是强化技术管理，提高企业和职工收入的一个根本点。

工程数量应建立多级台账，按照分部分项顺序复核。技术人员、合约人员根据设计图核算设计数量是否准确，对比图纸汇总数量与概算审核报告数量是否一致，找出图纸中的漏项与错项，计算合同差额，为后续变更索赔提供依据。

项目进场前应尽快组织测量人员进行开工前的测量工作，找出设计施工图、地质勘测资料中有误的地方，及时报告监理、业主、设计单位，申请审核确认。

二、方案策划

方案策划包含施工方案编制过程中的优化和评审过程中的优化。

1. 现场考察

工程项目开工前，通过现场调查，充分了解与业主签订的合同条款及施工现场的自然条件，充分了解现场实际情况，设计文件，施工合同，施工条件，协作队伍，各种材料、设备市场价格和供货渠道等因素。

2. 方案优化

根据现场条件考察的实际情况，积极采用新技术、新工艺、新材料和新设备，分专业制定多种工、料、机配置方案和施工组织措施、施工技术方案。按照科学合理、经济适用的原则，对确定的各种方案进行优化比选，合理确定工、料、机等施工资源的最佳配置，在满足安全、质量、工期要求的前提下，以降低工程成本、提高经济效益为目的，尽可能采用量化分析和网络计划技术，编制切实可行的施工组织设计和施工方案。

3. 船闸施工重点方案策划

（1）土石方工程。船闸陆上土方开挖采用自上而下、分层开挖的原则，分层厚度为3m，严禁自下而上或采取倒悬的开挖方法。利用反铲挖掘机和推土机将杂草、树木等草本植物清除，覆盖层土方采用$3m^3$反铲直接开挖，使用35t自卸汽车运至弃渣场。

船闸回填工程主要为施工临时便道（即后续永久防护大堤）回填，上游码头墙后回填、船闸主体结构物墙后回填。回填时应分层碾压，分层厚度不大于30cm，并应尽量使其密实，压实度90%以上。水上土方工程结合回填工程，以挖填结合、减少二次倒运、减少运距为原则，土方开挖及调配总体思路见表3－1。

表3－1　　土方开挖调配表

序号	分段或部位	起止里程	开挖（万 m^3）		回填（万 m^3）	
			数量	调配	数量	来源
1	上游引航道及锚地	K126＋800～K128＋725	171.6	用于本段墙后回填和本段大堤、围堰回填	40.1	本段开挖

续表

序号	分段或部位	起止里程	开挖（万 m^3）		回填（万 m^3）	
			数量	调配	数量	来源
2	船闸	K128 + 725 ~ K129 + 088	52.4	用于本段墙后回填和本段大堤、围堰回填	12.6	本段开挖
3	下游	K129 + 088 ~ K130 + 400	97.0	用于本段墙后回填和本段大堤、围堰回填	22.3	本段开挖
4	防洪大堤		0		63.6	就近开挖作业面
5	围堰回填		0		14	就近开挖作业面
合计			321.0		152.6	

（2）基坑降排水工程。基坑开挖前填筑好围堰，并做好围堰的防止水施工，围堰采用高压旋喷桩进行止水。基坑渗水采用抽水机强排，用水泵抽干老船闸内余水。建立完善的抽排水系统，基坑不得泡水，开挖坡口外须有截水沟，以防地表水进入基坑。

开挖过程中，每级边坡设置排水明沟，船闸一级平台四周环形布置管井进行降水。

（3）围堰工程。上游辅导航墙及上闸首、下游靠船墩、下游部分分水墙需要填筑围堰施工。围堰土方来自船闸开挖调配。

（4）地基处理工程。本船闸全线分两种桩型，分别是 PHC 管桩（Φ400mm）和 C30 灌注桩（Φ1000mm）。预应力管桩采用 D－80 型柴油锤打桩机锤击沉桩法进行施工，在基坑开挖至设计标高后，对施工现场进行平整，安排桩机进场，进行试打，确定打桩参数后正式施工。C30 灌注管采用旋挖钻机，泥浆正循环护壁，导管法水下浇筑混凝土成桩，在上、下游导航墙及分水墙各设置一个泥浆池。

（5）混凝土工程。拟在上、下闸首边墩底板上各安装一台塔吊，并辅以汽车吊配合施工，进行钢筋、模板等材料吊装。混凝土采用天泵入仓方式浇筑。上闸首施工顺序：第一步，先对左右边墩底板及墙身施工；第二步，适时对中间底板施工；第三步，浇筑二期混凝土及底板宽缝。

闸室用汽车吊辅以塔吊进行模板等材料安装，采用天泵混凝土入仓方式浇筑。闸室施工顺序：第一步，对中底板施工并安装中底板塔吊轨道；第二步，浇筑左右边墩；第三步，浇筑二期混凝土及底板宽缝。施工顺序从 7#、8#往两侧倒退施工。闸室施工通道根据上、下闸首施工底板开始时间进行调整。

导靠船建筑物主要采用汽车吊进行钢筋、模板等材料吊装作业，采用天泵进行混凝土浇筑，实际施工中根据建筑结构形式及现场条件进行调整。

船闸工程内的护坡均为干施工。混凝土板护坡采用天泵入模，现浇施工；生态混凝土连拱护坡中联锁块采用后场拼装，现场汽车吊吊装，浆砌石拱圈人工砌筑。

（6）金属结构工程。船闸金属结构包括上、下闸首人字门，上、下闸首检修闸门、闸首廊道工作阀门、闸室浮式系船柱及相应的启闭设备等。

人字门在闸首闸墙及中底板施工完成后进行，上、下闸首人字门分 5 节，平板车运输进场，在中底板利用 100t 汽车吊原位焊接施工成整体，并同步进行启闭机金结的安装施工（启闭机房屋顶待安装后方可进行施工）。输水廊道工作阀门采用 50t 汽车吊整体安装。启闭机采用平板车整体进场，待轨道梁浇筑完成，采用 150t + 100t 汽车吊配合整体拼装。浮式系船柱需现场组装，再利用 50t 汽车吊安装。

三、分包策划

本船闸施工主要包括以下几个方面：围堰填筑、基坑开挖、边坡防护、地基处理、结构物施工、金属结构制作及安装、电气安装等。分包标段按照工程量清单及计量规范划分的各分部分项工程划分，各部分划分以“队伍交叉作业少，各队伍工程量相当，各队伍产值相对均衡”为原则，按照总工期的要求，在保证合理的施工工期以及资源的合理调配（土石方尽量就近调配利用等），尽量减少各分包之间的相互干扰前提下进行分包工作面的划分。现对各工序分包项目进行策划分析：

1. 围堰填筑

围堰一般分为土石围堰、混凝土围堰和钢板桩围堰三种结构形式。某Ⅱ级船闸采用土石围堰+高压旋喷防渗墙的结构形式。

围堰填筑时，考虑到土方调配问题，应同相应施工区段的土方一同分包，以便挖填结合，减少土方运距，减少工程量。围堰防渗采用双管法高压旋喷桩处理，分包时需对钻孔过程中因遇到的混凝土、孤石等而引起的引孔费用以及空转等情况作特别约定，防止过程中或事后产生争议。

2. 基坑开挖

基坑开挖属土石方工程，机械设备的使用效率和土方调配方案是否合理等对成本影响很大，该项分包时应注意以下几点：

（1）船闸的土石方工程量比较大，为保证合理的施工工期以及资源的合理调配，根据现场实际条件，可按里程将其分为两个标段。分别负责各自里程范围内的挖、运、弃、取、填。

（2）因船闸引航道护坡仍在船闸基坑范围内，考虑将上下游引航道护坡与该部分的土方一同分包，减少后续护坡施工时的刷坡、沟槽开挖等费用。

（3）基坑的降排水工作需同步进行，明确降水井规格及布置要求后交由土方队伍施工。

（4）明确计量按实测断面计量，避免结算时产生纠纷。

3. 边坡防护

边坡防护主要分为坡面防护和支挡结构防护两类：坡面防护包括喷射混凝土护坡、锚喷护坡、锚喷挂网护坡、植被护坡等；支挡结构防护常用抗滑桩、挡土墙、锚杆、预应力锚索等。本章以锚喷挂网护坡为例说明，分包时要注意明确计量方式，推荐根据边坡面积按平方米计量，防止队伍因边坡表面不平而对计量数量提出异议，但需注意喷锚规格并限定混凝土和钢筋网的合理损耗率，避免浪费。

4. 地基处理

船闸工程地基处理形式一般有：预制桩、灌注桩、钢桩、水泥搅拌桩等，本船闸涉及预制管桩和灌注桩。分包时应注意以下方面：

（1）分包时对进场道路、进出场费用以及现场用电用油作特别约定，明确责任归属，防止事后分包队伍在此问题上纠缠不清。

（2）对于灌注桩超灌部分是否计量，以及计量方式需要明确。

（3）灌注桩工作平台搭拆，护筒制作、运输、安装和拆除，泥浆调制、处置，检测管制作安装等工作，要尽量包含在综合单价中。

（4）预制管桩的移桩、接桩、送桩、替打等各项费用，要尽量包含在综合单价中，如未包含，需作特别说明。

（5）因施工工序及组织的原因，桩基施工可能会涉及二次进场，二次进场费用及其承担方式必须约定清楚。

5. 结构物施工

船闸主体及附属结构物是船闸工程中最重要的工作之一，也是其中最能将质量体现在外的部分，因此对外观质量要求高。结构物种预埋设施多，同时闸首特别是廊道部分结构复杂，施工技术难度要求高；结构物基本都属于大体积混凝土，对混凝土内温度控制要求高。工程材料使用量大，措施投入也大，宜采用甲供材料模式的劳务分包。分包时应注意以下几个方面：

（1）船闸结构混凝土方量较大，根据结构物分布将其划分为两个标段，两个队伍交叉工作尽量少，同时，招标时广开门路，营造竞争氛围，提高竞争压力，争取价格优势。

（2）根据现场实际情况，附属工点比较分散，优先考虑让协作队伍自带设备，利于设备成本管控；船闸主体工程量较大且集中，可考虑甲供设备。

（3）船闸结构物形式多样，存在异形结构，因而模板形式也较多，实际施工工程中会存在模板的改造加工等，工作内容中需特别说明，其费用应包含在综合单价中。

（4）船闸结构工程中预埋件较多，招标时避免遗漏，合同中需对此作要求。

（5）特别注意施工中措施材料的约定，优先选择协作队伍自行负责，船闸中用于支撑钢筋的措施钢筋用量较多，交由协作队伍自行负责有利于该部分费用的管控，将风险转移给协作队伍承担。

6. 金属结构制作及安装

船闸金属结构制作及安装工作技术含量高、专业性强，需专业厂家制作安装，宜选用专业分包的模式，在分包策划时应考虑以下几方面：

（1）协作单位必须有相关资质以及同类型闸门的施工经验，同时要考虑厂家加工厂到安装现场的距离，若距离太远，应要求协作队伍在安装现场所在地、市附近制作加工。

（2）钢材价格对金属结构的成本影响极大，需在合同中约定若支付材料预付款则不对材料进行调差，并尽早付与协作队伍材料预付款锁价。

（3）因金属结构设计原料采购、加工、运输、安装、调试等多个步骤，需仔细约定计量规则，一些特别项目可能涉及二次设计，需约定二次设计费用承担方式，避免产生争议。

（4）闸门启闭机的安装是重中之重，在对协作队伍选择和考察的时候需要对此作要求，必须要有相应的特种设备制造许可证书和制造业绩。

7. 电气安装

电气安装属于专业性很强且内容繁杂的工作，宜采用专业分包。在分包策划时需要注意以下两个方面的问题：

（1）电气安装工程工作项繁多复杂，各构件和设备规格不一，又一般是专业分包，质量控制难度较大。分包合同拟订时要把容易出现的质量问题，如以次充好、以低替高等约定处罚措施，防患于未然。

（2）对于一些按面积或长度计量的工作项，要详细描述工作内容，防止本包含在其中的工作项被对方以工作内容未包含为由扯皮拉筋。

四、设备物资策划

1. 物资策划

船闸工程常用的物资包括地材、混凝土、钢筋、预埋件、型钢、钢绞线、系船柱、护舷、土工布以及周转材料等。

（1）地材。随着工程施工向管理型发展，抛填、回填地材项目部管控难度大，中间损耗难以控制，需协调各方关系，目前常采用的模式为按照抛填成型后计量，中间过程全部由协作队伍自行控制，项目部加强过程监管。

（2）混凝土。项目混凝土用量大，前期临建混凝土采用商混模式进行供应，后期主体工程施工采用自建搅拌站供应混凝土。

（3）钢筋、型钢。船闸工程钢筋需用量大，是物资管控的重点。钢筋为集团公司集采范围内物资，项目部控制重点是制定物资采购计划和需用计划，报物资中心采购。物资管理中，对协作队伍应采取限额领料和定期盘点的办法，以分析物资节超和制定相应的对策。

（4）其他物资。预埋件、系船柱、土工布等由项目部提出物资采购计划，报物资中心进行招标采购，经物资中心和项目部评标，选择合理低价中标单位。在施工过程中，尽量减少零星材料的采购，将零星材料交由协作队伍负责。

2. 周转材料策划

本项目周转材料主要包括模板、支架、脚手架、贝雷片、竹木周转材料等。根据施工组织设计对周转材料的类型、使用数量及周转次数作计算统计，然后根据统计数据计算各组织方式的成本费用并作比较，选择最优组织方式。某Ⅱ级船闸的钢模板是与专业厂家签订加工合同，由物资中心供钢材，厂家加工。集中加工不仅可以提高效率，同时整个项目模板形式多样、尺寸多样，能通过合理设计调配将边角余料利用起来。支架、脚手架等运用自购加租赁的组合方式，对于使用时间长、周转周期长的采用项目自购方式；使用时间较短，且对应工程施工完毕后后续没有使用需要的，采用租赁方式。

3. 机械设备策划

（1）机械设备承担方式。根据分包策划内容，确定哪些机械设备由分包商承担。为提高机械设备的使用率，降低分包费用，建议除小型机具外，机械设备均由项目部承担。由分包队伍承担的机械设备需做好分包商资源调查，确保分包商提供的机械设备满足施工需求。

（2）机械设备配置方案。混凝土生产设备和运输设备：根据实施项目的混凝土需用量及供应周期等参数选定设备型号。

钢材加工生产设备：根据现场施工范围，钢筋集中加工，设备考虑由施工队伍自带。一般钢筋加工设备有：电动单梁吊、钢筋弯箍机、数控弯圆机、钢筋弯曲机、数控钢筋笼滚焊机、数控钢筋锯切套丝镦粗生产线、小型钢筋弯弧机、小型钢筋弯曲机、小型钢筋切断机、小型钢筋滚丝机、二氧化碳焊机。

土方工程机械设备由队伍自行配备，我部参与验收，验收合格后方可进场。桥涵工程施工，冲击钻机及张拉压浆设备由各协作队伍自带，其余设备，可通过外租的方式满足现场施工需求。预制场施工所需设备根据工程结构特点，小型门式重机如使用时间较长可采用采购的方式配备，如时间较短，建议以外租方式满足现场施工需求。船闸施工汽车吊和天泵考虑以内部租赁为主、外租为辅的方式配备；塔吊选择外租。

五、责任预算编制

1. 责任预算编制

项目部组建后由项目经理牵头，对项目周边的环境及资源进行全面考察与信息收集，在结合施工工艺并充分掌握人、料、机价格走势的前提下编制施工预算，施工预算编制完成经项目经理审核后上报公司审批。经公司审批确认后的施工预算即作为项目经济责任书的重要依据，同时也是项目分包招标的控制限价，是项目部内控成本的目标值。

2. 项目责任中心划分

根据可控性原则、划清责任独立核算原则、责权利相结合原则、与现场实际相结合原则、避免责任交叉原则、可兑现原则，本项目部初步拟定设置五个责任中心，分别是：

责任中心一：项目部责任中心，负责项目管理费等成本控制。

责任中心二：船闸责任中心，负责某船闸以及穿堤涵闸、倒虹吸、翻水泵站、提灌站等水利设施的施工成本控制。

责任中心三：桥梁责任中心，负责某石村桥施工成本控制。

责任中心四：航道责任中心，负责航道疏浚、航道护坡等施工成本控制。

责任中心五：临时设施责任中心，负责项目临时设施的施工成本控制。

3. 责任成本管理小组

公司责任成本下达后，项目部制定内部的成本目标，并将目标任务进行分解，成立项目责任成本管理小组，明确职责。项目经理与公司签订项目经理责任中心承包合同后，项目经理与各责任中心负责人签订责任中心承包合同，将项目责任预算分解到人。

第二节 过程控制

一、临时工程

项目应合理规划临时工程，按照“经济实用、满足需求”的原则确定临时工程建设规模和建设标准，实行限额设计，加强临时工程施工方案及费用审批控制。重大临时工程方案由集团公司明确审批权限。严格控制临时用地数量，尽量利用红线内永久用地布置临时工程。代业主办理征地拆迁的，原则上不得垫付费用，并及时完善相关手续。项目部应积极配合业主进行征拆，避免因征拆影响工程施工，造成停窝工等损失。

某Ⅱ级船闸主要涉及项目部驻地及工人生活区、搅拌站及钢筋加工场、施工便道、临时降排水等临时工程。

1. 项目部驻地及工人生活区

项目部驻地和工人生活区选择租赁或者自行建设，主要考虑工程规模、工期、距离现场远近、人员数量、现场条件等。本项目临时驻地采用租赁与自建相结合的模式。租赁一部分，改造一部分，自建一部分，合理利用土地租赁合同中原地上的建筑，降低临建成本。工人生活区为方便工人上下班，在施工现场附近进行修建。

2. 搅拌站及钢筋加工场

搅拌站和钢筋加工场宜就近布置，主要考虑现场日均混凝土需求量、工期和现场条件等因素。因环保形势日益收紧，对地材影响较大，船闸工程混凝土用量大，为了能备更多的料，料仓应在合理的范围内扩大设置。

某Ⅱ级船闸搅拌站设置在小清河南岸乡道 Y258 路边，紧邻船闸基坑，交通较为便利，有效减少了混凝土运输距离和时间，减少了运输成本，同时对现场混凝土的需求反应也更加迅速。根据混凝土需求强度，安装 2 套 120 拌合楼，一套 180 拌合楼（如图 3－2 所示）。同时为了方便日常的试验检测，将实验室建设在拌合站内。

图 3－2　拌合站搅拌机组

3. 施工便道

为方便施工车辆进出施工现场，在上、下闸首分别设置一条便道连接至大堤，闸室主体南岸通长设置一条便道连接至大堤，并通过大堤连接弃土场，另设置贯通便道至上、下游导靠建筑物。

便道的设置根据便道施工内容确定，上、下闸首的便道距离较短，使用时间长，承重压力大，且均有坡度，用较高规格的便道，防止施工过程中便道被破坏而无法通行，造成频繁维修及增加成本，同时便道两边需设置边沟，雨季降水量大，对路基冲刷较为严重，甚至造成便道垮塌。设置边沟排水能有效防止积水掏蚀路床。对于通往导靠建筑物的便道，地势平缓，通行压力小，设计时可用较低规格的便道。便道填筑使用的碎石建议用废弃砖渣代替，能节省便道成本。

4. 临时降排水

船闸施工过程中的降排水对结构物的施工影响十分大，同时，降排水工作持续时间长、涉及范围广，工作进程中不确定因素多，特别是水泵等设备的维修等，日常管理中需要及时维护，防止水泵毁坏。

二、船闸工程

1. 方案比选控制

船闸施工方案比选主要包括以下几个方面：

（1）基坑降排水。船闸施工开挖深度较深，汇水面积较广，需要进行基坑降水和排水。降水常用的方法有轻型井点、深井井点、多级轻型井点、喷射井点、电渗井点、真空井点降水、管井降水等。

轻型井点降水的设备少、操作简单，同时可减少基坑开挖的边坡坡率，降低基坑的开挖方量，便于后续工序的有效开展，提高了工作效率，但是排水量较小。深井井点降水排水量大，井间距大，对基坑土层的扰动较小且利于平面布局，使用和适用范围广，施工速度快，但是初期投入较大，施工质量要求高。管井降水除设备较多外，集合了轻型井点降水的多种优点，且排水量大。

综合考虑后，某Ⅱ级船闸基坑降水采用管井降水法（如图3－3所示），降水井直径统一采用Φ400mm无砂管，管间间距取20m，井深至基础标高以下10m，管井采用回旋钻进成孔，泥浆护壁。上、下游引航道结构尺寸较小采用单排降水井，船闸主体结构在四周设置降水井，中间设置部分疏干井。

图3－3　降水井安装

（2）模板配置。船闸施工主要以大体积混凝土为主，模板选择及配置尤为重要，船闸模板主要有组合钢模板、定型钢模板、翻模、悬臂模板。

组合钢模板可整体吊装就位，也可采用散装散拆方法，施工比较方便，通用性强，易拼装，周转次数多，底板施工中比较实用。

定型钢模板加工后尺寸比较固定，适用于数量较多的异性结构，如导航墙、靠船墩等。

翻模结构单一，适用于截面尺寸一致的高墩施工；悬臂模板主要由模板、上平台、主背楞桁架、斜撑、后移装置、受力三角架、主平台、吊平台、埋件系统组成，两榀支架作为一个单元块。

悬臂模板施工方案不需另搭脚手架，适于高空作业，模板可利用锚固装置使其与混凝土贴紧，可有效防止漏浆及错台，模板支撑架部分可上下左右调节，使用灵活，方便调整模板的垂直度，是船闸墙身施工中最常用的模板结构形式。

根据各种模板的优缺点和各结构物的特点，某Ⅱ级船闸闸首墩模板采用翻模，导航建筑物采用定型组合钢模板。钢模统一按照2m的标高进行划分，方便模板的调配施工，增加周转次数。

（3）混凝土入仓。入仓工艺有泵送、溜槽、吊罐、自卸及布料机等多种方法。船闸结构体型庞大，单层铺筑面积大，施工强度高，同时属于大体积混凝土施工，温控技术要求严格。

若采用低坍落度干硬性混凝土来降低水化热，该种混凝土入仓比较困难。一般可选择：长臂反铲入仓，该方式主要用于基础块及低仓位混凝土的入仓，对现场条件要求低，转移灵活，入仓效率高，可多台设置组合。缺点是入仓距离短，不能满足空间位置较高部位远端仓面的布料。特种专用车载皮带布料机入仓，该类设备国内市场设备资源稀少，租赁费用较高，且布料臂长均在30m以内，对于深基坑宽大结构仓面，存在布料死角盲区。吊车+吊斗入仓，具有入仓高度大的优点，主要缺点也很明显，设备费用高，入仓效率低，机械操作人员劳动强度大易疲劳，有较大潜在安全风险。普通泵送混凝土优点是入仓不受地形限制，入仓效率高。

某Ⅱ级船闸受场地条件限制，无法使用布料机入仓方式，选用泵送、溜槽、自卸等多种入仓方式结合，在满足溜槽和自卸的情况下，可选用这两种方式，降低入仓费用。

2. 分包成本控制

项目部构建以劳务分包和工序分包为主体、以专业分包做补充的方式，合理搭配并确定施工队伍的承包模式、专业类型、队伍数量、劳务价格、计量规则等。实施过程中结合实际情况持续优化分包策划及分包招标，通过合理划分标段（可根据履约情况切割工程量）、明确工作界面，广开门路，充分市场竞争，同时也增强了项目分包的抗风险能力。按照集团公司要求，对新引进队伍进行了严格的尽职调查，对于专业化程度高的项目（钢闸门、钢桥等），还邀请了项目公司、两级监理机构共同进行考察，确保分包队伍实力可靠、风险可控。

招标文件的编制应高度重视，确保招标文件的编制质量，将工艺工序、作业环境、施工风险、财务状况、设备物资配备模式、施工安全、施工质量、施工进度等目标要求及违约奖惩办法等事宜做详细描述，避免合同谈判中发生责任推诿、报价变更等风险。

招标过程以结果为导向，鼓励多轮议价和兼投兼中，以量换价。以责任预算价作为红线，强化分包限价预算编制，结合主合同清单价格、企业指导价和经验数据、市场询价以及参考兄弟单位指导价综合确定。强化开标前责任预算审核，评标组在开标现场共同参与评标和核定，以控制现场最终标前分包限价，取限价和投标合理低价的低值作为中标合同价的上限值；对于部分专业强分包招标，采取限额招标方式，对于招标不理想的，果断废标重招，继续寻找市场资源，深入挖潜，严守分包责任预算底线。

定标后，项目部应严格要求中标单位按照集团公司要求缴纳履约保证金。尽快与中标单位签订分包合同并及时进行合同交底，分包合同中必须明确分包队伍甲供材料领用人，出具授权委托书。合同中必须明确甲供材料的合理损耗率。

合同履行过程中，严格按照合同计量规则、现场实际完成情况进行计量与支付，杜绝超前计价及付款，杜绝超合同工程量、设计图纸量计量，并在过程中对甲供材料超耗部分从分包单位计量款中及时扣回。严控现场签证，严格控制补充协议的签订，若确需签订补充协议，应按照相关规定进行决策和申请。

合同履行完成后，依据合同条款和实际施工完成情况，对整个分包合同进行梳理，工程部对分包队伍完工的合格工程数量进行确认，物资设备部对其消耗的材料、设备进行确认，各部门确定奖罚金额后，计划合同部依照合同约定进行最终结算，结算过程详尽清楚，避免资料不齐、扣罚不全等情况发生，各部门会签后报领导审批。

3. 物资成本控制

（1）针对价差的控制。一般采取以下几种方式：一是进销差价，即以批量优势通过招标采购的办法取得物资差价。二是地区差价，材料供应以周边供应为主要形式，避免跨地区采购。三是批零差价，把少量多次分散采购集中起来，尽量少与零售商打交道。四是质量差价，该买优质的不买质次便宜的。五是时间和季节差价，即避开消耗旺季资源紧、价格高的不利影响。

（2）降低进料运杂费支出。在买方市场条件下，多采用大批量运输，在掌握项目工程进度和用料时间的前提下，控制和降低进料运杂费支出。

（3）把好出入库程序。主要采用过磅的形式收料，避免方量收料堆积系数影响，雨季收料需考虑含水量的影响。做好每批物料的进场时间及质量的登记，注意点验计量及委托检验，做到对每批材料质量心中有数。仓库保管人员必须做到发料要有依据（限额领料卡制度），作业要坚持“三检”“三核”制度，保证所发出的物资正确无误、账目日清月结、账目相符，月底各种统计动态及时准确。

（4）抓严对分承包方物资供应的控制。对包工不包主要物资的分承包方，各部门配合严格执行限额领料。对全费用承包方，实行质量认可监督，发现有不符合质量要求的物资，严禁其投入使用。

（5）工程物资废料的处理。按照公司要求项目工程废料如钢筋、木模板、围挡、预制台座等处理成立废旧物资处理领导小组。严格按照物料种类进行分类，对剩余价值较大的物料实行登记，在工程结束或中期对此类物资按照公司管理办法进行处理，明确账料处理流程，做到可追溯。

（6）物资核算核销。物资消耗严格执行“日登记、月消耗”制度。主要是对项目所购的材料去向及时登记，定期盘点库存，计算材料实际消耗并与限额数量进行对比，得出节超，进行考核，达到限额控制、节奖超罚的目的。其主要内容包括：划分核算对象，确定限额数量，实施控制供应，定期盘点库存，节超分析和考核兑现等。

①明确核算。划分核算对象是进行材料限额供料的切入点，正确划分核算对象是合理确定材料消耗限额，归集材料成本，进行节超核算的前提。在项目开工前确定，一经确定不得随意更改。材料消耗限额的确定、发料登记、节超考核必须按照统一的核算对象进行。

②材料限额供应与日登记。根据核算对象进行材料供应，工程管理部门根据施工计划将完成工程量提供给计划部门，计划部门将材料计划传递至物资部门，然后由物资部门组织供应。

“集中点验收料，统一结算料款”是推行材料“日登记、月消耗”制度的基本要求。无论是甲供材料还是自购材料，均由物资部门集中办理点验入库手续，再进行材料出库发料登记。

材料供应量一旦超计划供应量或限额总量，物资部门要及时将信息反馈给工程管理部门和计划部门，分析原因，制定措施，查漏补洞，限额控制。

拌合站混凝土消耗日登记，采用混凝土发料三联单（拌合站、物资部门、施工队各一联），由司机带到各工点签字后返还拌合站，每天交物资部门进行发料登记。各项目拌合站都要严格按照拌合站流程做好各项记录。

材料的内部调拨：由于施工计划、施工方案、变更设计等原因需要在施工队之间临时进行材料调配使用时，由物资部门填写材料调拨单一式三联，经调出单位、调入单位、物资部门签字后三方各执一份，物资核算员据此调整物资台账。

③材料盘点与考核兑现。每月财务要组织项目工程、物资设备、施工队对各个核算对象的原材料进行盘点（半成品可视为库存），盘点结束后，相关人员要在盘点表上签字确认。

材料盘点结束后，物资部门要及时编制材料节超考核表，计算出当月各核算对象材料节超。原材料节超数量＝本月应消耗材料数量－本月实际消耗材料数量＝上月盘点的库存量＋本月供应量－本月盘点库存量。

本月应消耗材料数量，由工程管理部门根据核算对象提供已完工程数量，计划部门根据工程管理部门提供的已完工程数量计算材料应耗数量，交物资部门。对材料考核出现的节超，项目部要组织相关人员认真分析原因，总结经验和教训，分清责任，制定控制和奖罚措施，超耗部分由责任人全额承担，节约部分项目部与责任人按比例分成。

4. 船机成本控制

船闸工程涉及船机较多，在分包招标阶段就要考虑船机成本控制。船机分为分包自带、社会租赁和公司（项目部）购置。对于小型设备，提倡分包自带；对于一般的附属结构起重设备费用也含在分包单价内；对于主体结构塔吊、龙门吊等大型设备提倡社会租赁。

项目部机械设备（含自购和租赁）定期进行成本核算，对单机进行核算，建立单机油耗台账，为项目部成本控制和提高设备利用提供真实依据。

（1）项目设备物资部和司机要详实记录设备使用、维修、保养等全过程的资料，并填写设备运转记录，及时向设备管理部报送设备运转情况记录。

（2）项目设备物资部对本项目设备的使用成本进行核算，制定设备单机耗油核算，建立台账，定期进行分析，得出真实数据，根据成本消耗随时调整设备配置及使用，并根据设备实际技术状况、任务、道路、环境等情况制定设备月油（材）料消耗及维修费用标准。

（3）尽量减少施工中所消耗的机械台班量，通过过程施工组织、机械调配，提高机械设备的利用率和完好率，同时，加强现场设备的维修、保养工作，降低大修、经常性修理等各项费用的开支，避免不正当使用造成机械设备的闲置；充分利用社会闲置机械资源，严格控制新购设备。坚持采取内部调剂、外部租赁、集资购置、民工自带等多种形式解决设备不足的问题，对价格高、利用率低、专用性强的设备，坚决采取租赁的办法。

（4）项目部编制施工方案时，必须在满足质量、工期要求的前提下，力求使用机械设备最少和机械设备使用时间最短，同时通过施工现场的合理布局和各个工序的合理交叉安排来提高进场机械的综合利用率。燃料和附属油料的购进要符合要求，如果用量较大时要尽可能采用批量和批发购买的形式，同时要严格控制用量，杜绝浪费。外租设备时，不能只以价格作为选用的唯一标准。现场施工中，很多工作都需要多台设备同时配套施工，如果其中一台发生故障，会导致其余的设备也跟着停工。选用机况好的设备，不但可以保证工程的顺利进行，而且在燃油消耗方面有着不小的优势。

5. 安全成本控制

船闸工程施工涉及土方深基坑、高边坡、高空作业、模板支拆、金属结构安装、临时用电、临水临边作业、船机作业等危险性较大的作业，安全风险管理突出，管控难度大，在施工过程管理中，要做到以下几方面：

（1）建立健全职业健康安全环保管理体系。落实安全环保生产责任制，项目部成立以项目经理为组长的安全环保生产领导小组，全面领导项目部的安全生产工作；层层签订安全生产责任书，落实各部门及人员的安全责任。

（2）开展安全生产标准化工地达标创建活动。根据集团公司统一部署，开展安全生产标准化工地达标创建活动，通过自查，发现不足，制定整改措施，提高安全管理水平。项目部定期开展安全大检查，排查生产过程中的隐患，及时整改，杜绝事故发生。

（3）针对船闸工程施工中深基坑、高边坡、金属结构安装等危险性较大的分项，编制专项施工方案，报公司审核，在实施过程中，加强监督，严格按照施工方案实施，保证方案可行，实施安全。

（4）加强应急管理，开展应急演练。项目部编制综合应急预案和专项预案，针对多发的高空坠落、人员落水等组织预案演练，检验预案的可行性。

（5）项目部安全监督部门要建立安全生产费用使用台账，并进行系统策划，将专业分包及劳务分包队伍的安全生产纳入项目部的整体管理，在保障项目安全并不增加项目成本的情况下，确保安全生产费用能足额计量。同时，对于安全管理中的一些安全投入，如标志标牌、护栏、安全用品等，需在分包合同中明确承担方式，一般考虑将安全生产费用摊入综合单价中，由项目部统一采购发放，在中间计量和结算时从分包队伍计量款中扣回。

6. 质量成本控制

船闸工程的主要质量风险包括混凝土质量风险、围堰渗水风险、钢结构制造和安装风险、基础处理和墙后回填风险等。

（1）混凝土质量风险。船闸工程混凝土量较大，项目较多，主要包括闸首、闸室、靠船墩及导航墙等，控制重点是混凝土原材料质量、混凝土强度、抗冻抗裂和外观尺寸，闸首、闸室施工时，更要控制实体质量、钢筋保护层等，避免出现混凝土质量问题，防止预留预埋件遗漏等。对此采取如下措施：

①加强混凝土施工原材料质量管理，选用低水化热、安定性稳定的水泥，控制集料含泥量在规范允许范围内。

②做好混凝土配合比优化，使用高效减水剂、采用粉煤灰大掺量技术，采用低水胶比混凝土配合比施工。

③加强止水施工质量控制，水平施工缝键槽控制。

④针对预留预埋件绘制专项布置图，并对各埋件进行编号，对永久、临时埋件位置高程进行标注，埋设时专人埋置、专人检查。

⑤使用优质的模板，校准重复使用模板的刚度，采取压条和嵌木条方式处理分层缝和沉降缝，确保构件表面的平整度、垂直度和光洁度达到要求。

⑥选择合理的材料级配和混凝土配合比，采取合理的入仓方式，正确的振捣方法，减少表面缺陷的产生。

⑦通过高温季节采用低温混凝土，及时进行表面长流水养护，混凝土内部预埋钢管通水降温；低温季节采用保温被进行保温等措施防止表面裂缝的产生。

⑧保持模板表面清洁，水泥、粉煤灰、外加剂和脱模剂尽量选择同一品种，保证混凝土外观颜色一致。

⑨采取有效的保护措施，避免油污、钢筋锈水对外观颜色的影响，防止其他硬物对外观的磨损和破坏。

（2）围堰渗水风险。围堰施工时，要严格控制围堰基底的清理、围堰填料和压实度要求，做好防渗处理，防止渗水管涌。如果有渗水管涌，将会增加抽水成本形成新的安全隐患甚至导致围堰垮塌，造成成本增加。这是船闸施工成败的关键。

（3）钢结构制造和安装风险。钢结构制造和安装一般采取专业分包的方式进行，钢结构施工的质量很大程度取决于合作队伍。钢结构安装精度要求高，混凝土施工时不宜控制，现场焊缝质量不易保证，且需要有良好的闭水性。如果施工质量达不到要求，将会产生严重的后果，若发生闸阀门安装渗水、构件就位偏差不宜启闭，返修是很难实现的。因此，施工过程中，加强现场质量控制，及时纠偏，加强测量控制和过程中检测工作，确保施工质量。

7. 工期进度控制

根据合同要求，编制工程施工总进度计划，并制定人员、材料、设备和资金需用计划。

在工程实施中，按照季度计划、月计划、周计划等进行分解，及时向项目部职工、协作队伍传达，确保相关人员和单位都明确进度目标，合理组织生产。每天下午召开生产调度会，协调解决施工中存在的问题，排除施工干扰，对前一天生产完成情况进行考核。

船闸施工上闸首绝对是关键工序，要重视上闸首的施工进度，同时要兼顾管理用房、机电、消防、金属结构的施工进展，特别是启闭机、人字闸门底枢等重要构配件的时间节点。

第三节　变更索赔管理

项目部结合图纸、现场情况、施工方案及合同单价，提前分析项目的主要潜亏点及风险点，超前谋划变更点，项目部组织召开二次经营工作推进会，从变更立项、审批程序、推进堵点、下一步工作重点等方面对二次经营工作进行系统梳理，明确二次经营跟踪方向，并进行动态调整。

一、变更索赔点

某Ⅱ级船闸工程的变更索赔点主要有以下几方面：

1. 地质条件

地质条件的变更索赔点主要是地质变化或地质条件与设计勘探地质不符等。例如，地基土质和设计土质不符，造成地基处理难度大，或原设计不满足地质要求，需更改设计或者增加措施，影响施工进度等。如某Ⅱ级船闸原地基处理方案是强夯，测算为潜亏项目，因地基土质不适合强夯，强夯后造成土壤液化，故通过与设计沟通实验，将强夯方案变更为碎石强夯＋碎石桩的施工方案，该项变更取得了良好的效益。

2. 设计漏项或图纸变更

漏项主要包括设计图中漏项而实际施工必须发生或相关规范要求独立支付的工程数量和施工图中要求施工但工程量清单漏列的数量。设计图纸变更，例如，招标图纸和施工图纸变化较大，造成工程量增加或减少，可能会有工程量清单外的项目。

3. 政策性调整

政策性调整主要有材料价差、油料价差和人工价差。人工价差根据工程所在地造价信息站与地方政府公布的人工单价的文件，分析人工费单价。

4. 不可抗力

承包方无法控制的、在签订合同前不能对其进行合理防备的、发生后不能合理避免或克服的、不主要归因于他方的。不可抗力事件发生导致承包人损失，应由发包人承担，可以据此提出索赔。

二、变更索赔措施

1. 变更索赔主要原则

（1）项目部成立以项目经理为组长、总工为副组长、各部门负责人为组员的二次经营领导小组，负责二次经营策划、目标制定、执行等工作，形成全员共同研究合同的氛围，把合同内容（条款、计量规则、清单单价、技术标准、个别概算）了解清楚，分析透彻。

（2）树立“地质是创效龙头，方案是创效手段”的理念，做好施工方案与经济效益紧密结合。

（3）把“不增加工程投资，施工降本增效”作为二次经营工作原则，以创造负变更为主要方向，以甲方降造、我方创效为准则，以实现“双赢”为主要目标，主动策划、积极影响，守住项目公司、港航局乃至中国铁建效益，以赢得项目公司认同和支持。

（4）选派技术全面、优秀的技术人员参与二次经营工作，了解设计标准，认真审图并做好现场核查工作；发挥各自的专业优势，相互密切配合。

2. 研究、学习合同条款

（1）应将合同协议书、通用条款、专用条款整合成一个有效范本，分发给项目部领导、各部门负责人，共同研究合同条款，结合自己的工作职责分工，找出合同中前后矛盾或对我方有利的条款，归纳可以突破的关口，积极创造效益。

（2）明确合同中大临工程数量、费用，为编制及优化大临方案提供参考，做到尽量不超支。

（3）明确合同中哪些条款对我们有利，可充分加以利用；哪些条款对我们不利，要尽量回避；哪些费用可以包干使用；哪些是非包干使用，以及使用包干费应履行的手续。

（4）明确各项合同单价包含哪些子项目和工程内容，确定合同中缺单价工程项目内容，提前着手增加缺单价工程项目数量和新增单价的编制工作。

（5）结合清单单价，明确合同中哪些单价较低，可作负变更减少亏损或利用相关合同条款调整单价；哪些单价较高，可做正变更争取最大效益。

（6）了解不可抗力的确认及其后果的处理方式，结合合同条款明确保险索赔的初步方向和步骤。

3. 明确责任人及部门工作职责

（1）项目经理是本项目二次经营工作的牵头人，主要负责制订与实施变更索赔总体方案，协助公司完成从策划发起到送审报批的各项基础工作；加强与监理、设计等外部各方及公司内各级的沟通联系。

（2）项目经理部各部门共同研究合同协议书、通用条款、专用条款范本整合，对项目部领导、各部门负责人进行合同交底并共同研究合同条款，结合自己的工作职责分工，通过对各章节工程量及费用、不平衡报价情况、总承包风险费、量差、项目盈亏等进行分析，找出合同中前后矛盾或对我方有利的条款，归纳可以突破的关口，积极创造效益。

4. 保证措施

（1）协调好项目公司、业主、监理、设计单位、地方政府、当地村民和供应商等相关方的关系，引导设计变更，取缔施工难度大、成本控制难的劣质分项，争取变更成为施工难度小、成本易控制的优质分项。主动出击，积极引导，形成从我要变更到为我变更的氛围。

（2）提高项目的二次经营业务水平，尽量保持主管领导、项目总工和变更、索赔管理人员的稳定，不随意更换，以保证各项工作的连续性。

（3）加强业务人员的业务技能。先造声势，做好现场，准备资料，主抓个性，规避审计，利用好地方和政府力量，争取利用设计变更做好索赔费用的转化等工作。

（4）对外进行联系时注意措辞，提出意见要委婉转承，说明理由要有理有据但要把握“度”，切忌将过错或原因归结于对方，要寻找和说明客观原因或第三方原因，避免影响双方关系。

（5）避免目标置换，不能因担心或害怕影响双方关系就拖延索赔要求。及时完善索赔基础资料整理工作的同时，要注意方式方法和技巧，把握好时机，在索赔时效范围内适时提出，切不可累积，以防数额过大或时间过长或因人员变动等增加索赔难度。

（6）向业主申请使用工程性质相同，工程地获取难度小且成本较低的材料，如用机制砂代替河沙。

（7）变更索赔贯穿于施工全过程，应根据工程进展及施工现场实际情况，适时调整、发现、挖掘新的变更索赔点。变更索赔事件发生的依据宜以地方政府及老百姓原因引起的，尽量减少由设计、监理单位原因引起的变更，以利变更索赔签字手续的顺利完成。

（8）主动创造发现变更索赔机遇，各分部在施工过程中，应坚持以业主的书面指令为主，比如文件、会议纪要、往来信函等。即使在特殊情况下必须执行其口头命令，亦应在事后立即要求其用书面文件确认，或者致函监理及业主确认。同时做好施工日志、技术资料等施工记录。每天应有专人记录，并请现场监理工程人员签字；当造成现场损失时，还应做好现场摄像、录像，以达到资料的完整性。在施工中需要更改设计或施工方案的也应及时做好修改、补充签证。这些都是工程索赔的原始凭证，应分类保管，以创造索赔的机遇，妥善利用好地方矛盾进行变更索赔，政策性调差文件是价款调整的最好依据。

中 篇

海上风电项目责任成本管理

第四章　海上风电场项目全过程责任成本管理

集团公司新能源分公司结合海上风电施工项目的工作内容及特点，选择具有代表性的三个项目：某Ⅳ1 项目、某 H3 项目、南澳某项目，研究海上风电施工项目的责任成本管理办法，总结责任成本管理工作优秀经验，以便后续海上风电施工项目借鉴参考。

第一节　海上风电场工程项目概述

一、建设、发展、规划背景

2020 年 9 月，习近平主席向世界郑重承诺：我国力争 2030 年前实现碳达峰，2060 年前实现碳中和。2021 年 9 月，国务院发布《关于完整准确全面贯彻新发展理念做好碳达峰碳中和工作的意见》，《意见》中指出“我国 2025 年非化石能源消费比重达到 20%、2030 年非化石能源消费比重达到 25%，风电、光伏发电累计装机要达到 12 亿千瓦以上、2060年非化石能源消费比重达到80%”。2021年10月26日，国务院发布《2030年前碳达峰行动方案》，要求全面推进风电、太阳能发电大规模开发和高质量发展，坚持集中式与分布式并举，加快建设风电和光伏发电基地；坚持陆海并重，推动风电协调快速发展，完善海上风电产业链，鼓励建设海上风电基地。

中共中央、国务院及有关部委连续发文，对风电、光伏项目开发提出指导性意见，政策层级之高、力度之大，为海上风电产业健康持续发展铆足了后劲。

在国家、地方多重政策的引导下，各大能源央企作为海上风电市场开发投资主体，纷纷公布了新能源产业规划，规划目标都达到现有投产规模2倍以上。

根据风能资源普查成果，我国5～25m水深、50m高度海上风电开发潜力约2亿千瓦；5～50m水深、70m高度海上风电开发潜力约5亿千瓦。深海区域的风电开发潜力更是不可限量。而根据《风电发展“十三五”规划》显示：到2020年我国将建设海上风电1500万千瓦（包括建成500万千瓦，在建1000万千瓦）。根据海上风能可开发量和规划容量可知，海上风力发电潜力巨大。

二、主要施工内容

1. 风机基础施工

海上风电风机基础形式根据海水深度、海底地质情况划分为两大类：固定式和漂浮式。其中，固定式包括单桩基础、导管架基础、三角桩基础、高承台群桩基础、重力式基础、吸力式基础等，固定式风机基础一般应用于海水深度小于50m的海域；漂浮式包括立柱式（SPAR）基础、张力腿式（TLP）基础、半潜式基础，漂浮式海上风机基础一般应用于海水深度大于等于 50m 的海域。

固定式风机基础介绍如下：

（1）单桩基础结构。单桩式结构形式是比较简单常用的支撑结构形式。塔架直接由基础桩腿支撑或者通过过渡段把两者连接起来，塔架、桩腿以及过渡段都是圆柱形的钢铁管件。桩腿一直插到海底以下，插入的距离可根据实际的环境载荷以及海底的地质条件确定。除了结构简单外，单桩腿型的优点在于可用在上层泥土流动的海底以及受淘空影响的海况。当然它也有缺点，在水深较深时这种结构的柔性很大，支持结构上端过大的偏移量以及振动是其发展的限制条件。单桩式基础结构适用条件：适合于 0 ~ 25m 的水深范围。单桩基础工作内容主要包括钢管桩制作与施工、附属构件的制作与安装、基础防冲刷防护等工作。

（2）导管架基础结构。导管架结构形式通常有 3 个或 4 个桩腿，桩腿之间用撑杆相互连接，形成一个有足够强度和稳定性的空间钢架结构。桩腿在海底处安装有轴套，地桩通过轴套插到海底一定深度从而使整个结构获得足够的稳定性。导管架基础结构适用条件：适用水深为 20 ~ 40m。导管架基础工作内容主要包括导管架制作、焊接、试验、涂装、运输、沉桩、吊装、灌浆等工作。

（3）三角桩基础结构。三角桩支撑结构的三条桩腿由圆柱状钢管制成，一般来说，相邻两腿之间的夹角均相等。三角架上的中间轴作为过渡段直接与风电机组的塔架连接。三角架支撑结构基底的宽度和桩腿插入海底的深度根据实际的环境载荷以及海底地质条件来确定。此种结构目前比较少见，因为其设计、安装较为复杂，但其稳定性、刚性等方面表现较为突出。三角桩基础结构适用条件：适用水深为 20 ~ 50m。

（4）高承台群桩基础结构。高承台群桩基础结构主要由桩基、混凝土承台、基础预埋环、连接件和靠泊构件等组成。打入海床的多根桩基通常采用钢管桩或者混凝土灌注桩，根据受力需要桩基可以采用倾斜布置以提高结构整体侧向刚度。在桩基顶部采用整体套箱挡水围堰工艺进行现场混凝土整体浇筑或预制装配式完成钢筋混凝土承台建造，通过承台将多根桩基连成整体。承台高程根据潮位、防撞和结构整体受力确定。

（5）重力式基础结构。重力式结构形式的特点是其装有重力式基底。不同于基础桩，重力式基底能提供足够的固定载荷，使得整个结构因其自身重量而在环境载荷中保持稳定。重力式支撑结构的下端是巨大的沉箱，里面可以装入沙子、水泥、岩石或者是铁矿充当压载物。重力式基础结构适用条件：重力式结构形式要求海底地面平整，土质硬度大，适用于水深 0 ~ 25m 受淘空影响较小的海况，或需要对地基进行处理。

（6）吸力式基础结构。单筒多舱型复合筒型基础是一种大尺度的混凝土—钢板—钢筋—预应力钢绞线组合体系的宽浅型基础结构形式（直径 25 ~ 40m，高度 6 ~ 15m），将弧形过渡段和筒型基础部分有机地结合成复合筒型基础（重量 2000 ~ 4000t）。整个结构体系通过预应力混凝土过渡段将风机塔筒的巨大弯矩有效地转化为基础结构内有限的拉压应力，多种材料的复合结构有效解决了钢—混凝土结构的变形协调和开裂控制，充分发挥了钢—混凝土结构的材料优势，提高了结构的安全性、耐久性。

漂浮式海上风机基础介绍如下：

（1）立柱式（SPAR）基础结构。立柱式（SPAR）基础主体是一个大型的圆柱，其作用是支撑塔架和机舱以及系泊缆绳的重量，通过底部压载使得浮式基础的浮心高于重心，进而提高浮式平台的平稳性。浮式基础底部包括定压载舱和临时浮舱两部分，其中定压载舱提供浮式基础较大一部分压载，产生较大的复原力臂以及惯性阻力，达到减小平台横摇和纵摇运动的目的，保证平台的稳定。临时浮舱的作用是在浮体结构运达至指定海域后，将压载水注入临时浮舱，从而使浮式基础自行扶正竖立。

通常情况下，立柱式（SPAR）基础的吃水深度要大于等于轮毂和海平面之间的平均距离，才能达到稳定性要求。立柱式（SPAR）基础的锚泊定位系统通常采用张紧式或悬链式钢缆或合成纤维等。立柱式（SPAR）基础的特点是吃水比较大而水线面面积很小，采用立柱式（SPAR）海上风力发电机基础可以很好地提高漂浮式风机的整体性能，保证平台的稳定性。然而，其整体长度过大，给制造和安装提出了巨大挑战。

（2）张力腿式（TLP）基础结构。张力腿式（TLP）基础是一种垂直系泊的顺应式漂浮式基础结构。通常，张力腿式（TLP）基础由悬浮的矩形水平浮筒和圆柱体结构组成。张力腿式（TLP）基础通过刚度较大的张力腿直接连接至海底锚固结构。由于预张紧的锚泊系统作用，使得张力腿式（TLP）基础的运动近乎刚性运动，保证了非常好的稳定性。

从理论上讲，张力腿式（TLP）基础所承受锚泊系统的预张紧力越大，越能够实现平台的平稳。但在设计张力腿式（TLP）基础时，要综合考虑各种规范和工程需求，来实现对预张紧力的确定。同时，由于高频振动对漂浮式风机的性能影响比较大，在基础设计时，要避开环境中与浮式基础重合的固有周期。随着水深的增加，张力腿式（TLP）基础的建造成本也会急剧增加，因此对于深海区域，不太适合采用该形式的浮式基础。

（3）半潜式基础结构。半潜式基础通常由有斜撑管连接的多个大型浮筒构件组成。风力发电机可以安装在任意一个浮筒上，利用浮筒非常大的水线面面积来保证整机的稳定性。浮筒内部的压舱来调节风机整体的重心和稳定性。半潜式基础的特点是安装方便、稳定性较好、可以适应较深水域并且运行可靠。

2. 风电机组安装工程

主要包括设备部件验收，码头（或施工现场）交接与保管，设备部件安装、验收，附属设施安装、验收，风机安装完成至交付前维护等。其中，码头风机部件组装作业和海上风机运输、海上风机安装同时进行，可充分利用窗口期，提高作业效率。风电机组施工流程如下：

（1）风机部件组装。吊装作业仅在风速5级以下时进行，降水、雷暴及大雾天气严禁作业。可采用机位接货安装平台组装方式或采用码头接货组装方式。

①利用平板车将待组装风机的塔筒、机舱、叶片和轮毂运送至码头前沿区域或运输船机位交货至平板驳；

②采用大型履带起重机和汽车起重机联合作业，依次按塔筒、机舱和风轮的顺序完成风机部件组装；

③风轮组装在塔筒和机舱安装的同时进行。

（2）风机装船。风机运输安装平台到达预定位置后，平台升起，运输安装平台的抱举系统通过数控定位系统控制与风机快速对中，接着抱紧风机，此时松开风机与基础的连接螺栓。抱举系统提升风机并移动至平台预定位置，然后平台下降，支腿升起，完成风机的装载。

（3）海上运输。风机运输安装平台以自航方式航行，并通过GPS系统导航，到达目标位置。或具有四锚定位的运输船直接将风机组件运送至机位。

（4）风机安装（支腿船）。安装平台船下锚固定后，通过动力定位系统快速调整平台位置，使风机基础位于安装平台开口内，然后支腿插入海床，平台升离水面，使安装平台上表面略高于风机基础上表面；抱举架通过其升降系统提高风机至安全高度，然后通过数控系统控制风机的平移（纵向和横向）和旋转，使风机移动到目标位置，快速完成基础环与塔筒的螺栓孔对中调节。通过升降系统使风机下降，将风机位置落在风机基础上，逐次预紧螺栓，完成风机安装；之后平台下降，支腿上升，转为漂浮状态，通过动力定位系统使平台船开口位置离开基础。

（5）消缺及维护。在风机安装完成至交付业主前，要完成风机安装过程中遗留的缺陷工作，一般需配置小型交通船及发电机组，按照消缺及维护周期进行消缺及维护工作，以消除安装过程中机械及电气设备的质量问题，同时定期进行除湿工作，防止试运行前电器元件受潮。

3. 海上升压站施工

（1）海上升压站平台下部结构。主要包括导管架制作、导管架基础钢管桩运输与沉桩、导管架海上运输与安装、灌浆连接、固化土冲刷防护施工等工作。

（2）海上升压站上部组块海上安装。主要包括升压站海上运输、海上吊装、安装、防护、清理等工作。

4. 海缆铺设施工

海缆铺设工作主要包括海缆出厂装船、海缆登陆段铺设、海缆放置、海缆保护、风电机组侧海缆安装、海缆浮标标记以及最后的实验及投产运行等内容。

5. 运维

（1）大部件更换。包括叶片、轮毂、变桨轴承、主轴、偏航轴承、增速齿轮箱、发电机等部件维修及更换工作。

（2）日常运维。包括电气本身质量、接线工艺、施工中损坏等电气维护，以及齿轮箱问题、联轴器损坏、发电机问题等机械维护。

（3）海缆运维。包括地形地貌检测、海缆埋深检测、海缆坐标检测和海缆故障段施工恢复等工作。

三、未来发展趋势

1. 大规模集中开发成为趋势

根据国家政策和平价市场需要，海上风电资源由零散开发向大规模开发转变，以前风场以 20 万千瓦、30 万千瓦为单位，现在风场基本以百万千瓦级为单位进行开发建设。

2. 向大兆瓦、深远海发展

随着海上风电业务的快速发展，特别是受风机单位成本和技术进步的影响，海上风电项目呈现出向大兆瓦、深远海发展的趋势。经过抢装潮，有些区域的近浅海资源得到快速开发，深远海发展势在必行。国补的退出，平价的到来，降低成本的迫切需要，技术的成熟与进步，大兆瓦风机应运而生。

3. 必须拥有核心装备资源

海上风电施工向来看重装备，装备一直都是核心竞争力，随着海上风电的快速发展，对装备的要求也越来越高，装备的作用愈加明显，没有核心装备将被市场拒之门外。

基础施工所需的起重船（浮吊船）和风机安装所需的安装船（插腿式平台船、坐底式安装船）是海上风电施工中不可缺少的核心装备。而且随着向大兆瓦、深远海方向的发展，对于核心装备的性能、功率、技术参数等要求越来越高。

4. 向综合开发利用方向发展

海上风电项目将由单一发电模式逐步向综合开发模式迈进，海上风电项目与海洋牧场、海水制氢、能源岛建设、观光旅游、海洋综合试验场建设等相结合，推进海域立体空间充分利用，进一步助力海洋经济产业高质量发展。

四、海上风电场工程特点

1. 高风险

除了与陆地一样受天气的影响外，海上作业还受到海洋这一特殊环境的影响。环境条件、工况条件比陆地复杂、恶劣，作业受气候影响较大，受气候制约。海浪、海冰与台风、季风的综合作用对作业设施将产生巨大的破坏力，以致影响海上正常作业。海上作业的风险大、容易发生事故，有时会因一些很小的事故而带来严重的后果。

海上风电由于个体的高度较高，形状不规则，重心位置不好把握，加上外形尺寸的特殊性，海上风电机组施工更加复杂，面临的风险更大。

2. 高要求

海上风电施工质量控制上有着严格要求，施工精度要求非常高，例如钢管桩沉桩施工，一般要求钢管桩沉桩后桩体垂直度≤3‰、平面位置偏差≤500mm、桩顶法兰面水平度偏差≤3‰、高程偏差≤50mm；导管架安装施工，一般要求导管架导管的顶端标高误差在±10mm内、导管架顶端的相对误差≤10mm、导管架任何平面内的对角线相对之差≤15mm、导管加厚段的位置误差≤25mm。

3. 高投入

海上风电各种基础钢材用量大，单桩基础用量基本都在1000吨以上，其他类型的基础用钢量也非常巨大。

业主为了降低成本（提高风电场及单机效益），一个风场装机容量大，都在500MW以上，单机容量也大，目前已有13MW，今后还会加大单机容量，单机造价将会更高。

船机装备要求高，投入数量多，船机资源配比要求高，资源稀缺，同行业竞争激烈，供应商不稳定。

第二节　标前阶段成本控制

秉承工程项目责任成本管理的宗旨——以工程项目为依托，以可控成本为对象，以责任者为主体，以利益为驱动，以合同为载体，以奖罚为手段，横向到边、纵向到底，全员、全过程的项目成本控制方法。将海上风电项目从市场经营之初的信息跟踪到最终项目完成竣工验交，根据项目进展历程和不同时期成本控制的重点，并结合海上风电项目所获取的实践经验，归纳为四个管控阶段，分别是：标前阶段、开工前阶段、施工阶段、竣工收尾阶段。

标前阶段（第一阶段）：包括项目选择、标前成本测算、投标策略三个环节。

一、项目选择

项目选择是市场经营承揽中的第一个重要环节，针对海上风电项目的特点，结合自有核心装备和已整合的社会资源（主要是浮吊船和安装船）情况。首先要分析核心装备技术参数与拟承揽项目海况的适用性、与风机主机安装的可行性；其次要考虑在手核心装备的档期安排、施工效率是否满足拟参与项目的工期要求；最后要综合判断其规模、效益、潜在的市场拓展空间等。

二、标前成本测算

标前成本测算就是在投标之前对项目的成本、盈利情况的初步估算。标前成本对于投标报价的决策分析、项目实施期间的成本控制都有重要的指导意义。通过标前测算分析，对项目实施期间工程量变化、价格调整、变更索赔、风险规避等有一个基本的预测判断，然后在项目实施期间有针对性地对这些问题进行合理规避和调整，从而加强整个项目周期的成本控制。

1. 编制依据

（1）招标文件，包括合同文件、工程量清单、技术文件以及澄清补遗文件等。

（2）投标采用的施工组织设计文件。

（3）公司其他部门的相关规定（包括设备内部价、周转材料摊销、人员收入的确定及管理费用的计算方法等）。

（4）工、料、机市场调查价格及变动趋势。

（5）国家、地方、行业发布的相关政策文件。

（6）其他资料。

2. 标前成本测算方法及关注重点

公司市场开发部负责项目的标前成本测算工作，各相关部门、项目部做好协助，编制好的标前成本需通过投标专题评审会议审议。

成本测算主要围绕落实项目实施所需的物资、船机、分包等主要费用展开，工作重点如下：

①要充分熟悉招标文件、图纸、工程量清单、合同条款等主要资料，厘清工作内容、边界条件；

②分析项目物资采购需求，编制物资询价文件，在设备物资部、项

目部的协助下开展物资询价工作；

③根据项目地理位置、技术要求等，在经济法务部、项目部的协助下，选定风机基础制作询价单位，并完成对应询价工作；

④在论证可行、满足总体工期及质量要求的条件下，对投标技术方案进行适度优化，确定基础施工/风机安装采取的实施模式（主要是专业分包、自行组织两种），编制船机租金、专业分包的询价文件，在船机、经济法务部等部门的协助下完成相关的询价工作；

⑤对询价结果进行整理汇总、综合分析，确定成本价格，依据投标工程量清单、工效分析等完成直接费用的测算；

⑥间接费方面，除考虑项目实际需求外，还需确保间接费用不漏项，严格按照合同要求的工程内容，逐项考虑费用。

对未来价格涨跌的分析依据是多方面的，需要把握多方面的市场信息。例如，通过了解各省制定的海上风电项目建设计划，从而掌握项目建设规模、工期等重要信息，通过宏观分析来判断项目实施阶段的供需关系；通过了解存量、新建船机设备规模来判断未来整体船机价格涨跌情况；通过了解主要钢厂的产能计划来判断未来钢材价格的涨跌幅等。

三、投标策略

海上风电施工项目招投标与传统项目基本相同，但因其是新能源开发项目，同时又是海上作业，采用的技术有别于传统项目的通用技术，所以与传统项目相比还是有一些不同之处，如：作为业主的几大电力集团比较强势，合同条款苛刻、工期普遍紧迫罚则偏重、安全风险等级高、投资额较大、核心装备占主导地位等，导致投标前的调研、评审工作要更加地细致深入，尤其与施工有关的上下游单位的摸底，要评判所有环节的可行性、抗风险能力。另外，海上风电项目没有概预算定额，其报价完全依靠施工企业自行考察的市场价格和从实践中总结的企业内部“定额”，因此投标阶段的调查深度已接近施工阶段的施工方案策划。也就是说，海上风电施工项目的投标策略意义重大，决定着一个项目的成败。

1. 海上风电施工项目投标策略

投标策略是指投标人从项目接洽到招标完备的全过程进行布置及其所采取的手段。投标人在参加工程投标前，首先要关注招标文件的制定过程，组织相关人员进行投标策略分析及招标文件标书评审工作。海上风电施工项目，投标策略主要考虑以下三个方面：

①充分掌握项目情况。需要了解业主前期的准备工作情况，尤其是拟建项目的海域使用权批复情况、涉及军事管辖区的协调情况。掌握业主对价格的态度和倾向以及资金筹集情况、前期主机设备采购情况，分析其项目的前景、施工海域海况特点、建设规模、项目性质、市场环境以及施工现场条件，研究招标文件内容。

②了解竞争对手情况。目前国内海上风电施工领域的潜在承包商屈指可数，能够进入第一梯队的更是有限的几家，各家的实力、装备、在手订单等情况都十分明了，投标时便于投标人对竞争对手的研究判断。研究对手是确定报价的基础之一，针对业主倾向，来决定自己的报价。还需要重点分析背景及实力强的投标单位，了解对承接工程跟踪的深度，掌握对方过去投标的报价规律，以及报价手段与策略等各方面的信息。

③认清自身情况。需要对自身的状况以及竞争优劣、利弊等各方面因素进行综合分析。当前生产经营情况，特别是核心装备的掌控情况、项目组织及成本控制的水平，是最终决定报价的关键。

2. 海上风电施工项目清单报价要把握的原则

由于海上风电施工项目一般采用固定单价的合同模式，清单报价按照“量价分离”的原则，它要求投标人根据提供的统一工程量和拟建项目情况的描述要求，结合项目、市场、风险以及企业的综合实力自主推行新型计价模式，其实质内容是“统一量、指导价、竞争费”，所以投标报价应遵循以下原则：

①合理报价的原则。通过分析业主、竞争对手、自身等综合因素，确定其合理的报价。报价规律为：合理的成本加企业当期的利润期望值。

②合理低价的原则。报价规律为：施工成本加最低指导利润。当前面临的竞标不是越低越好，而是科学合理地计算和测算得出的适当低价。投标的目的本就是为承接业务争取利润，绝对不能出现无利可图的投标报价，除因特殊的原因出于某种策略考虑外，都是应规避的，否则，很容易面临落标，甚至会产生废标的风险。同时，无序竞争也将极大地降低企业的信誉度，致使社会对企业的综合实力产生质疑。

③低价中标、高价索赔原则。报价规律为：集约性成本加微利，这是当前国际社会上最常用的一种方法，国内大多承包商有畏惧心理，实际上，中标后既可以向管理要效益，也可以通过索赔等方式取得投标时无法取得的利润，尤其是在利用现行的标准合同示范文本的情况下，坚持把握文本的条件，将会给企业带来某些无法预计的利润空间。

第三节　开工前阶段成本控制

开工前阶段包括中标项目工程量预控、方案预控、单价预控、责任预算编制、效益策划五个环节。

一、工程量预控

收到业主下发的施工蓝图或钢材备料图后，项目总工立即组织工程、合约部门对施工蓝图中的工程数量进行复核计算。为保证工程量复核的准确性，工程量计算需由 2～3 名工作经验丰富的技术人员具体实施，项目经理和项目总工整体把关，对于多人计算结果误差较大的分项进行重点验算，确保精度，并最终与主合同清单量进行对比分析，做好工程数量预控。

海上风电工程主要涉及钢结构的采购、制作、运输；风机基础施工费用；风机运输安装费用等。如发现工程量与图纸不符，须立即与业主方沟通，核对差异，分析原因，争取量差签证。

二、方案预控

（一）方案编制内容

包括项目概况、总体工作方案、组织方案、技术方案、进度计划、质量计划、职业健康安全与环境管理计划、成本计划、资源需求计划、风险管理计划、项目沟通管理计划、项目收尾管理计划、项目现场平面布置图、目标控制措施、技术经济指标等。

（二）重难点施工分析和预案措施

（1）船机资源锁定。海上风电施工重点依靠施工船舶作业，包括各种起重能力的浮吊船、打桩船、风电安装船、运输平板驳、拖轮、定位驳、锚艇等，需满足施工进度要求。对于自身船机设备拥有量不足的施工企业应提前锁定社会资源，控制租赁成本。

（2）一打一吊方案、设备确定。根据该项目水文地质自然条件、厂家供货、设备参数等情况，编制合理的施工方案和选择适用的船机资源。如：海上沉桩选用固定扒杆起重船还是全回转起重船；海上风机安装选用自航自升式平台船、自升式平台船、起重浮吊船还是坐底安装船。避免船机设备选用不当，频繁进出场，造成成本增加。

（3）工序衔接。海上风电涉及面广、事杂，如总体组织管理不够系统精细化，前后工序考虑不到位，会给整体进度造成极大影响。因此需总体编排沉桩、导管架吊装（或套笼安装）、风机安装计划，前后工序无缝衔接，不产生船机停滞费用。

（4）进一步加强科技创新，推动施工生产，实现降本增效。充分发挥海洋工程基础实验室科技攻关作用，针对未来深水远海大兆瓦风机安装开展课题研究，在风机基础工程、风机安装、海上升压站施工、海缆施工等方面超前谋划，力争取得技术突破，优化工艺流程，加强施工生产组织管理，全面提升海上风电施工效率，提高平价时代的核心竞争力。

（三）关键工序成本控制要点

海上风电施工项目关键工序大体分为三大项，即加工制作、海上运输、海上施工作业。海上风电项目在施工阶段最大的成本是船机使用费，尤其是核心装备船，即用于风机基础施工的大型起重船（浮吊船）和用于风机主机安装的大型平台船。针对三大主要工序及其核心装备成本特点，结合已完工的海上风电项目，详细解析成本控制要点如下：

（1）首先，一切工作围绕核心装备使用率及工效而展开，即施工阶段的一切施工准备、辅助措施、海上施工前置工序等都要围绕核心装备而开展。也就是要全方位、全时段确保海上资源、构件、主机设备的供应。因为海上施工环境复杂，施工窗口期有限，一旦出现起重船停滞等待基础构件、平台船停滞等待主机设备的情况，将造成起重船、平台船使用成本的严重超支，同时会引起配合船组全部停滞的连锁反应，直接成本失控的后果不可想象。进而会导致合同工期无法实现，面临各节点的高额违约罚金、数倍增长的赶工费等，其间接成本会呈几何级数上涨，带来毁灭性打击。

（2）其次是三大关键工序的有序合理对接。各业主单位一般会在合同中明确首台基础施工、首台风机安装、全部基础完成、全部风机安装完成、具备并网调试条件等重要施工节点。该行业特点决定了海上风电施工项目的建造周期相对较短，所有项目的工期都很紧迫，加之海上施工窗口期少且受气候影响存在不确定性，故几大关键工序的合理衔接尤显重要。合理对接首先体现在时间节点上，施工进度安排要满足业主的工期要求，但因海上施工窗口期不确定，给各工序合理有序对接增加了难度。如：运送基础构件的运输船到达施工机位，但海况突然变化没有了窗口期，无法靠驳卸货，就会造成运输船的带货停滞，同时也降低了起重船的使用率。所以合理有序对接不是简单的时间问题，而是通过气象预报准确判断未来海况，预留出冗余量并制定详细的备选方案。

（3）最后是每个关键工序的精细策划和组织实施。加工制作环节、构件设备运输环节往往会因业主合同内容不同，在不同项目中侧重点会有所不同。海上施工环节对于施工单位而言基本都是一致的，其特点就是安全风险高、核心装备性能参数要符合海况及主机机型要求。三个关键工序的重要注意事项如下：

①加工制作工序重要注意事项为：原材料（钢板、法兰盘、防腐设施）供应要及时，海上风电项目其风机基础用钢量较大，采购周期一般在 40 天至 50 天左右，要精细策划好首台基础的制作周期；随时了解掌握加工制作进度，要安排驻场人员进行监造，一般一根成品桩的加工制作周期为 35 天；加工厂要有足够的存储场地，一般不少于两套的存储能力；出运码头是否满足运输船舶进出港要求，构件上船方式是滚装还是桁架吊装，受潮汐影响程度等，一般要求码头要满足靠驳不低于

5000t 的运输船，在南海海域有的要达到 8000t，上船方式首选桁架吊装。

②构件及设备运输环节重要注意事项为：运输船舶满足施工海域的靠驳要求，海上施工的机位接货对运输船的性能要求高，一般需要 5000t 以上船舶，个别海域需要 8000t 至 10000t 船舶，前驾驶，具备四锚定位能力；按航次计量的运输船舶，要严格控制滞船费的发生，一旦发生要完善签认手续，并制定追责机制。

③海上施工环节重要注意事项为：核心装备参数是否满足海况、机型的施工要求，施工前要对整个区域进行扫海，了解每个机位的地质情况，并逐一计算每个机位与核心装备船舶的参数适用性；要严格管控核心装备船舶的燃油消耗；现场协调合理，在满足安全的前提下努力提高核心装备船舶的使用率。

三、单价预控

严格“三项招标”制度，即劳务（专业分包）招标、材料采购招标、机械设备租赁招标。通过招标严格控制工、料、机的单价。

（一）分包单价预控

1. 分包宗旨

确保合同全面履约，严格控制分包成本，注重大商务管理的联动效应，争取效益最大化。

2. 分包范围

根据施工方案、施工部署确定分包范围，以及施工界面涵盖的内容，划分各分包单元或板块。海上风电施工项目（施工总承包）分包模式一般分为劳务分包和专业分包，结合项目特点（位置、海域海况、时下政策、海事管辖权等）合理选择分包模式。主要有：

①底塔筒电气安装、风机安装、基础施工、已安装风机消缺、运维等的劳务分包。

②大构件（风机基础、塔筒、附属构件）加工制作专业分包。

③大构件运输（风机基础、塔筒、主机设备）专业分包。

④风机基础施工（单桩、导管架）专业分包。

⑤风机安装（塔筒、主机）专业分包。

⑥基础防冲刷专业分包。

⑦海上升压站安装（基础制作施工、主机设备安装）专业分包。

⑧海缆铺设（主缆、支缆）专业分包。

3. 遵循原则

①为确保合同全面履约，要严格按照施工方案及施工部署划定的施工作业面确定分包模式、分包工序或类别、分包商数量。

②充分合理考虑自有船机设备的使用率及能效发挥。

③如无特殊情况，分包价格要严格控制在标前成本测算对应价格之内。

④在考虑各工序分包分项成本的同时要兼顾施工全过程成本的总体协调控制。

4. 注意事项

（1）风机基础加工制作分包：

①充分掌握各分包商的加工制作场地地理位置、产能、已有订单、存储能力、装船方式、码头出运条件，并进行实地考察，形成考察报告。

②为控制供桩（或导管架）环节全成本（制作及运输），加工制作及运输要纳入同一个专业分包招标范畴，同时要做好运输剥离的准备。

③加工制作分包内容中要明确工装、海绑、运输船原有工装拆卸等责任划分。

④加工制作招议标除考虑施工方案外，策划阶段至少划分两个及以上标段，以确定两个或两个以上的分包商，价格可以相互制衡，进而可确保海上基础施工的大构件供应。

（2）大构件运输：

①要考虑在建全部项目的规模和海域位置，如同一海域或临近海域有两个以上的项目同时或相继施工，则考虑按周期租赁船舶的模式，如仅有一个项目则采取按趟次运输的专业分包模式。

②为保供应，运输可由项目部自行组织，可避免船等桩的误工情况发生。

③浪涌较大的南方海域，要充分考虑冗余度确保安全靠泊，即采取以大换小的原则确保施工顺利可行。

④按趟次的专业分包要设定滞船费最高限额、严格计量确认流程及建立追责机制。

（3）风机基础施工及风机安装需要大型的起重船和安装平台船，目前国内市场资源紧缺。大多时候是根据投标阶段确定的合作单位或资源实际分布情况，与具备条件（平台船性能参数满足要求、有可利用档期）的分包商通过多轮协商谈判来确定。

（4）基础防冲刷专业分包要把握好实际计量数量不超设计数量或业主认可数量的原则，严防分包商向我方索赔。通常，业主对基础防冲刷数量的确认有两种方式：一是按照设计数量计量结算，即类似于总量总价包干；二是施工前三方（施工、监理、业主）或两方（施工方、监理方）通过扫海确认数量，以扫海数据计算的数量为准。

（二）物料单价预控

物资策划遵循“分级管理、全面覆盖、服务生产、实事求是、节约资源、费用最省”的原则，具有一定预见性、建设性、逻辑性和适用性，在实施过程中起到保障生产、压缩成本、增收创效的促进作用。

物资策划主要从项目物资需求、物资采购范围、物资市场调查、物资供应方案、周转材料管理、物资管理方案、项目物资工作组织、物资资源配置八大方面进行。

1. 项目物资需求

统计项目需要的主要材料及其他材料，采购方式包含自采和甲控（或甲供）材料，材料采购计划应根据工程部提供的实际需求计划编制。

重点统计分析项目需要集中采购的材料，如钢板、柴油、牺牲阳极块（或外加阴极电流保护系统）、桩顶/塔筒法兰（单桩结构）等，需要采购的物资应提前做好需求计划、采购计划，并上报集团公司设备物资中心进行集中采购。

2. 物资采购范围

明确主要物资采购范围和甲供、甲控物资内容及其供应方式，重点突出需要集中采购的物资，根据技术资料对需要集中采购的物资提前做好分析，并整理好结算支付办法及支付要求，便于后期配合开展物资集中采购工作。

3. 物资市场调查

掌握主要资源概况及其他可以调用或合作的资源，提前做好市场的供求现状及趋势分析，深入了解关键市场资源情况，总结出资源的制约因素及解决办法、物资工作特点、物资工作的重点和难点，并记录市场调查结果。

项目所需的主要物资价格均受市场影响较大，有效地把握未来一段时间的物资涨跌趋势，可以在一定程度上节约大量的成本。因此需要对主要物资开展市场调查，且调查必须具备实时性、准确性，必要时提前开展现场考察，形成考察报告。

4. 物资供应方案

海上风电项目的主要材料为 DH36、EH36、DH36 - Z35、EH36 - Z35、Q355NE 等超厚钢板，国内钢板的原材料铁矿石、煤炭大多以国外进口为主，受疫情和国际局势动荡等因素影响，原材料价格几度大起大落，极其不稳定。考虑到几大钢厂产能有限，其他海上工程与造船业同时需要大量钢材，使钢板采购工作难度加大。国内可以生产钢材的厂家有限且厂家订单较为饱满，在项目前期，一定要加强同厂家沟通交流，确保满足项目需求，必要时向上级单位汇报，提前锁定产能。

其他物资以机械设备动力燃油、法兰盘、牺牲阳极块（或外加阴极电流保护系统）为主。机械设备动力燃油应根据项目的船机设备使用计划按照理论数值测算整个项目周期内使用的燃油总量，按船机设备使用计划分配月度燃油使用量，并上报集团公司进行集中采购，同时需要注意燃油的规格参数，北方项目进入 11 月下旬至来年 3 月上旬应使用 $-10^{\#}$柴油，其他时间为 $0^{\#}$柴油；南方项目以 $0^{\#}$柴油为主。法兰盘、牺牲阳极块（或外加阴极电流保护系统）采购由集团公司集中采购招标确定中标单位，根据项目施工计划安排，及时分批次进场，各项目部在采购法兰盘时必须明确是否有业主或风机厂家提供的法兰盘厂家采购名录，如有，将名录上报集团公司，由集团公司在名录中组织招标或通过竞争性谈判确定最终供应单位。

周转材料以项目使用的大型工具吊具为主，目前国内具备加工制作能力的厂家数量有限，采购时必须严格审查厂家的资质和业绩，有需要提供 CCS、ABS 认证的海工器具必须要求其进行认证并提供认证报告。

现场零星物资根据各部室的实际需求采购，提前编制需求计划、采购计划，在实际执行过程中严格按规定落实采购方案。

5. 周转材料管理

周转材料以项目实际发生为准，多以工装、吊具为主，采购时需向现场技术主管、项目总工、生产副经理确认，避免重复或不必要采购。在项目实施过程中，能利用旧的周转材料就不采购新的周转材料，并依据项目工期，决定租赁还是采购。

周转材料进场后，应由相关部门组织验收小组共同验收，建立周转材料管理台账，并由专人负责，每季度应进行盘点，将盘点结果上报分公司管理部门，由分公司协调各项目周转材料。

考虑到海上风电项目周转材料的特殊性，周转材料随自有船舶离开项目时需及时做好记录，并在盘点台账中上报（周转材料策划应包含周转材料的使用品种、规格、数量、时间，集团公司、工程公司可调配的周转材料资源，周转材料解决方案）。

6. 物资管理方案

明确物资管理的内涵及指导思想，即物资管理是指对项目生产过程中所需物资的一系列经济管理活动，期间需要秉承质量第一、服务生产、统一管理、规范运作的原则。

细化物资管控流程要求在需求计划、采购、运输、验收入库、保管保养、发放、使用、统计、核销、回收利用等一系列过程中严格按照要求执行。

7. 项目物资工作组织

组织机构遵循“定员定岗定责任”的三定原则，分别设置部门领导、物资计划员、物资采购员、物资保管员、物资统计员等，一般是一人一岗，根据工作量的实际情况，亦可一人多岗，或是一岗多人，但采购员和保管员不能由一人兼任。

8. 物资资源配置

结合项目的工程地理位置、工期要求、项目性质，本着“供应好，周转快，消耗低，费用省”的总体原则，充分进行询价、核算和比较，进行合理的资源配置。

（三）船机设备单价预控

1. 船机设备资源配置

起重船、风电安装船等核心船机市场资源有限，一般由公司在项目投标或者项目实施前期进行锁定，确保项目中标后顺利实施。

辅助船舶：在寻找船机资源的时候，有合适资源必须提前锁定，同时注意信息的保密性，避免被“截和”或临时加价。

运输船：主要考虑载货能力（船长、船宽、型深、甲板有效荷载、航速等），优先考虑前驾驶船，黄海、东海、南海海域一般选择具备四锚定位能力的运输船，南海海域因海况差需要1万吨以上具备四锚定位的运输船。

锚艇：鉴于项目现场无动力船舶较多，租赁辅助船舶时尽可能考虑锚拖一体船（需配备拖带缆绳），既可以在工作时协助抛锚起锚，又可以在避风时拖带无动力船舶前往避风锚地，减少现场拖轮的数量，压缩成本。

交通船、运维船：必须具备高于10节的航速，及具备加装100吨以上淡水的能力，方便现场补给，减少或不使用淡水船加水，大幅降低淡水采购成本，同时配备一台50kW以上的发电机，便于风机运维接电。

交通快艇：应考虑至少租赁一艘交通快艇，具备24小时随时待命的能力。

2. 设备需求计划上报

项目进场后，依据施工组织设计，编制设备需求计划，按流程上报至集团公司审批。在实际执行过程中，根据项目现场实际需要及时调整需求计划，调整后的设备需求计划应附上项目设备使用现状分析，总结新增设备的必要性，由项目部提请至分公司进行初审后上报集团公司。

3. 船机设备管理重难点

①大型船机设备资源锁定。目前，国内海上风电项目招标时，要求投标单位必须提供自有或排他性租赁大型起重船、液压冲击锤、风电安装船，如不能提供，则不具备项目投标资格。大型起重船、液压冲击锤用于海上风电项目的单桩沉桩、导管架安装、升压站安装，大型风电安装船用于风机安装，均是海上风电项目必不可少的大型设备，该类设备资源极度有限且多数集中在海上风电施工单位手中，市场上可利用资源极少且多与其他海上风电施工单位签订长期租赁协议，市场上一旦出现大型起重船、风电安装船资源便会遭到各海上风电施工单位哄抢。大型起重船、风电安装船、液压冲击锤等资源的锁定是增强公司海上风电项目承揽、履约能力至关重要的一项措施。

②船机设备工效管理。船机设备成本占项目总承包比例较高，船舶选型与施工现场情况的适应性会极大地影响船机设备的工效，船机设备进场前，一定要充分调研施工海域历年海况、天气情况，多向有该海域施工经验的施工单位调研，确保船机设备选型的合理性。项目施工安排要合理，确保船舶工效合理，确保船机设备不能长期闲置、压船，对因船舶性能不满足要求导致工效低的船舶要尽快安排退场。

③船机设备油耗管理。在项目施工前，项目部要拿出行之有效的船舶油耗管理措施，确保项目船舶油耗成本可控。

4. 船机设备成本预算

自带船机设备的专业分包队伍主要有沉桩船组、风机安装船组、抛石防冲刷船组、航标施工队伍等，对于队伍自带船机设备的，其燃油、淡水及船舶其他消耗应由其自行负责。在实际施工过程中应加强对分包队伍的规范化管理，将安全生产落实到位。分包队伍船机设备因特殊情况由项目部代为采购物资设备的需要按期在其结算中扣除。

外租船舶主要以中长期月租方式为主，在发生紧急任务时可选择趟次租赁或者短期租赁。中长期月租的船舶租赁费用可控，船舶资源可选择性较高，趟次租赁或者短期租赁则恰恰相反，因此需要提前做好项目设备策划，在充分考虑月租船舶的使用效率后，适当补充临时租船。

自有船舶的使用，需要加强内部员工的管理，作为国有企业的员工，在现场施工生产过程中应起带头作用，以点带面，营造合理合规的良好氛围，充分发挥国有企业标准化、规范化的水准。

由项目部负责燃油、淡水的船舶主要有自有船舶及项目部月租船，在实际供应过程中必须做到项目部、船方、供应方三方到场，共同签认供应单据。同时，在实际使用过程中，各船舶必须每天线上报送燃油消耗情况，并在月末整理月度纸质记录上报，项目部根据船舶实际功率工况计算对比油料消耗，发现异常及时进行现场检查。

对风电安装船组、打桩船组实行单机成本核算，通过核算结果分析工效及成本相关数据，作为后续执行任务时的指导标准，以单机成本控制整个项目的总成本。

四、责任预算编制

项目责任预算由分公司项目绩效考核工作小组负责组织编制，在项目上场后三个月内完成，在不影响编制精度的前提下宜提早完成，同时指导项目部完成各单元（按工序、生产要素、财务科目等）责任成本的分解，以便及早有序可控地开展工作。经分公司审核确认后的测算即为责任预算，将作为签订项目经济责任书的重要依据，同时也是项目部未来进行劳务招标、专业分包招标、船机设备租赁、物资采购等的控制目标。

项目上场六个月内，分公司经济法务部与项目部共同界定项目责任预算收益，原则上需确定不低于标前成本测算利润的项目经济责任指标，报总经理办公会讨论通过后，签订项目经济责任书。经济责任书一经签订，必须严格履行，原则上不作调整。确因重大设计变更经指挥部经济法务部核实确认后按程序予以调整。

五、效益策划

在编制责任预算的基础上，及时实行效益策划。效益策划的基本做法就是落实“五交底”制度，即投标报价与合同交底、施工组织方案交底、管理体系交底、责任成本预算与变更索赔方向策划交底、责任成本核算与财务管理交底，从而明确创效目标和创效途径。

第四节 施工阶段成本控制

施工阶段的责任成本管理是项目责任成本管理的重点，包括预算分解、临建成本控制、工程数量控制、工期进度控制分包成本控制、材料成本控制、船机设备成本控制、管理费用控制、安全成本控制、质量成本控制、文明施工成本控制、变更索赔、成本核算与分析、过程考核兑现 14 个环节。

一、预算分解

责任预算二次分解是项目主管领导对项目部责任中心量化责任目标，签订责任书的过程。签订项目经济责任书后，及时明确各责任中心，本着“负责什么，就控制什么”的原则合理划分责任中心，并签订责任合同，明确双方责、权、利关系。

海上风电项目责任中心的典型划分形式有：

1. 风机基础加工制作责任中心

涵盖钢材采购环节的量、价、损耗率，相关构件的采购价，加工制作专业分包价格、进度、质量、安全。

2. 大型构件运输责任中心

涵盖大型基础构件、塔筒（如在清单范畴内）、主机部件（如在清单范畴内）按航次运输的专业分包价格，或按船机租赁自行组织运输的设备租赁价格，租赁船机的燃油、淡水消耗（单机核算）、进度、安全。

3. 风机基础海上施工责任中心

涵盖风机基础专业分包价格，或自有船组自行组织施工费用，或租赁起重船组组织施工费用，以及实施过程中需要组织劳务分包的价格，配套船机租赁价格，自有船机或租赁船舶的燃油、淡水消耗（单机核算）、进度、质量、安全。

4. 风机安装责任中心

涵盖风机安装专业分包价格或自有船组自行组织施工费用，以及实施过程中需要组织劳务分包的价格，自有船机或租赁船舶的燃油、淡水消耗（单机核算）、进度、质量、安全。

5. 辅助措施费责任中心

涵盖项目部驻地租赁建设费，临时码头使用费，防台避险费，安全防护措施费，环境保护措施费，水上交通、信号、通讯、航标等相关辅助费用，试验检测费，海事相关费用，外部协调费用，相关会务、保险费等。

6. 管理费（间接费）责任中心

涉及工资、福利、办公、差旅等全部费用。

上述第一层级的“责任中心”在签订项目经济责任书时，根据承建项目的规模、工程内容、清单结构本着便于核算、分析、归集、考核兑现的原则设立。性质类别相关项目可增加“责任中心”涵盖内容或另增加“责任中心”，规模小的项目可相应删减。

项目部可根据本项目部的组织机构、人员情况以及实际情况，在第一层级的“责任中心”基础上，进行细化确定第二层级的“责任中心”，可增加二级“责任中心”数量，也可同时提高完成指标，并制定对应的奖罚制度。

二、临建成本控制

项目部临建一般包括管理人员驻地、转运或存储码头、底端塔筒组拼场地等，一般均选择租赁方式，要根据工程规模、工期、距离施工现场远近、区域经营、人员数量、现场条件、施工需求等进行技术、经济适用性比选，一般遵循以下原则：

（1）根据工程特点和总体施工安排，结合现场条件，本着因地制宜、方便施工、便于出行和有利管理的原则，按照安全生产、文明施工的要求布置，达到安全文明工地的标准，满足环保和创建标准文明工地的要求。

（2）加强对环境保护和水土保护设施的安排，减少对当地政府及群众的工作、生活影响，在满足生产的前提下最大限度地减少生产、生活等临时工程数量。

（3）项目驻地在装修过程中严格控制材料的使用，避免造成材料的浪费。

（4）在满足安全、质量、工期的前提下，选取成本最低的方案，建立大型临时设施工程审批制度、单独编制临时工程责任预算，及时结算。

三、工程数量控制

工程数量的增减与项目的工、料、机费用的增减有着极为密切的联系，因此工程数量的控制对工程成本的控制起着决定性的作用。交底不及时、方案不合理、现场管理人员责任心不强等因素均会导致工程数量的损耗，给项目造成不必要的损失，因此，工程数量的控制是提高企业和项目效益的根本。

工程数量应建立多级台账，现场技术人员、合约人员、物资人员要根据备料图核算设计数量是否准确，对比图纸汇总数量与概算审核报告数量是否一致，找出图纸中的漏项与错项，计算差额，为后续变更索赔提供依据。

钢管桩、塔筒制作厂家在生产期间，应安排专人驻场监造，并及时将制作情况反馈项目部，如产生与设计图中数量有较大差距的损耗，应分析原因，如为设计原因则应当立刻报告监理、业主、设计单位进行协调处理。

项目进场前应尽快组织测量人员进行开工前的测量工作，找出设计施工图、地质勘测资料中有误的地方，及时报告监理、业主、设计单位，申请审核确认。

四、工期进度控制

（1）施工过程中注意衔接货物进场时间，避免因货物的不及时进场和堆放不合理造成的窝工。

（2）提前准备下道工序施工的各项工作，对交叉施工工序合理规划，主抓节点控制，提高交叉施工管理水平可最大限度缩短工期。

（3）编排合理的施工计划，但需同时关注海况、天气变化对施工的影响。在施工过程中，及时抢抓海上施工窗口期，按照季度计划、月度计划、周计划等进行合理分解，及时向项目部职工、协作队伍传达，确保相关人员和单位都明确进度目标，合理组织生产。

（4）项目部施工技术人员要深入一线，及时准确发现各类问题，有针对性地解决问题，解决各施工队伍在场地使用、物资、设备调配等方面的矛盾，充分协调各施工队伍之间、各施工队伍与各部室及现场人员之间的关系，从而保证项目施工顺利有效地进行。

（5）在项目平稳可控的运转情况下，如能够提前完成节点工期目标，可适当给予奖励，该奖励需经过相关部门及领导审批，并报公司进行审批，经总办会审批通过以后予以发放。如因可避免的不利因素影响工期，可对相关人员进行适当处罚。

五、分包成本控制

加强专业分包及劳务分包计价管理，定期进行对上、对下计量与计价，建立对上、对下计量与计价台账，单项工程完工后及时进行相关结算，严格执行劳务结算审批制度，严控劳务成本。具体做法如下：

（1）严格按照分包策划推进分包相关工作，如方案发生变化导致分包发生变化，项目部要及时研讨分析，形成“三重一大”会议决策上报分公司审批。

（2）严格按照集团公司和分公司相关制度、办法，开展分包商准入、招议标、评标定标、合规尽职调查、商务谈判、合同签订等工作，通过制度约束最大限度地防范围标、串标、暗箱操控情况发生。

（3）针对海上风电施工特点，充分调研潜在劳务分包商、专业分包商市场资源分配情况，调研方式要多样化，包括现场实地考察、洽商会议、网络调查、其他方意见征询等。

（4）分包商的最终选定原则上要杜绝仅凭报价最低来片面选用的方式，即采取综合评分办法推荐中标候选人。要坚持“依法用工、合作共赢”理念。

（5）注重分包起步环节，招标文件的编制要符合分包策划意图，合同条款要体现公平公正、责权利对等、杜绝有分包商后期索赔的风险条款出现，同时要纳入合规尽职调查内容。

（6）评标过程中要编制详尽、合理的控制价格，把握招议标结果向着成本合理、双方共赢的方向发展，以便执行过程中实现良性循环。

（7）及时签订分包合同，明确权利、责任、义务，力求相关分包项目实现风险分担或转移，以此提高分包商执行力，与我方共同参与成本管控。

（8）进行分包合同交底，避免现场管理人员不了解分包合同内容，在管理过程中出现纰漏和偏差，增加执行成本或给结算分包商索赔埋下隐患。

（9）充分协调现场各方与分包商关系，为分包商营造顺畅的施工环境。

（10）进度款的支付要严格按照资金使用计划进行分配，尾款支付前要求分包商提供合同终止相关承诺书。

（11）项目部按月、季度或重要节点进行成本核算、分析，针对存在的问题制定整改方案，及时纠偏；分公司监督项目部各成本责任中心节超情况，建立全员追责机制，与考核兑现挂钩。

（12）项目部各成本责任中心、各部门要加强联动配合，及时掌握施工作业情况，从施工进度、质量、安全、环保、成本等多方面进行大成本管控。

六、材料成本控制

1. 物资集中采购

严格执行物资集中采购制度，提前归集项目所需的全部物资清单，根据实际情况开展工作，组织（或配合）招议标。甲控物资同样需要上报公司进行审批。

2. 物资供应

所需物资按照工程进度及时进场，同时做好进场验收及质量控制工作。严格把控物资供应流程，所采购物资应按时、按质、按量进场，所有进场物资必须由设备物资部联合相关部门进行检查，保证进场物资合格。同时，除向钢管桩及其附属构件（或导管架及其构件）加工厂供应的钢材及风机塔筒成品外，其他物资应尽量避免长期堆存。

3. 物资消耗分析

严格把控物资在实际使用过程中的领用和消耗，尤其是钢管桩加工厂领用钢板，在同其签订加工合同时必须约定损耗率及超耗处罚条款，结合实际提资单的量和图纸量的差值计算出钢板加工损耗率，若存在超耗的情况必须在结算中落实处罚措施。

其他物资以燃油为主，在现场船舶日常使用过程中，必须落实日用油耗上报、理论油耗计算与实际油耗对比、不定时检查存油数量等管理制度，避免发生超耗、虚假报数、倒卖燃油的情况。

零星物资据实采购，点数验收，据实交接，避免多报、堆存、浪费的情况。

4. 物资报表管理

物资到场验收后应及时入库入账，及时统计上报物资报表。在编制物资报表时要求账账相符、账实相符，充分利用 PM 管理系统，保证物资报表的准确性。

5. 废旧物资处理

废旧物资处理应出具处理方案，并上报分公司审批，处理结果移交分公司备案。

6. 项目完工后周转材料处置

周转材料根据摊销结果视情况处理，若报废则按照废旧物资处理方案处理，若可以继续折旧使用则集中上报分公司处理。

周转材料主要以工装及吊具为主，在项目使用完成之后若可以继续折旧使用，则根据材料类型折算并转至自有船舶继续使用。

七、船机设备成本控制

1. 资源配置的合理性

结合项目策划的内容合理配备船机资源，并根据现场施工安排及时调整，优化打桩船组、安装船组船舶类型配置，增加四锚定位船舶使用率，租赁时考虑一船多用，减少现场船舶数量。

船舶进场必须落实船舶进场手续，包括双方签订的船舶进场确认单及船舶燃油淡水存量确认单，严格把控船舶进场的时间及船舶现有燃油和淡水数量。

2. 船机设备使用计划

船机设备租赁按照计划上报，根据招议标结果确定出租方。原则上所有船机设备使用均需要向公司上报船机设备需用计划，并由公司通过组织招议标的方式确定出租单位。在实际执行过程中，若实际租赁为小金额临时租赁，项目部应按照流程组织项目部审批并开展招议标工作。

3. 船机设备现场管理

船机设备的现场管理包含调遣管理、安全管理、人员管理，均需要各部室配合进行，现场根据施工内容应配备一名或者多名调度人员，若有多个调度则需要设置总调度，基本原则是一个作业面一个调度，如风机安装作业需要设置一名调度，基础沉桩需要一名调度，如果存在多个作业界面可以根据实际情况设置临时调度人员。

现场船机设备调遣应该由调度人员同现场技术主管商议，根据项目部的施工安排组织进行，同时，现场突发情况应由调度人员视情况做出决定，需要上报项目领导的应及时汇报。现场船机设备调遣，尽量做到主作业船少动，辅助船舶一船多用、就近使用、安全用船。

现场船机设备安全管理是现场管理的首要工作，设备物资部在船机设备进场时必须联合安全监督部进行进场安全检查及安全教育，确认通过后方可进场开展工作。项目部相关部门应不定期开展现场船机设备安全检查，检查时间尽量安排在船舶维修期或避风期间，避免影响生产。

4. 船机设备效率分析

船舶一旦进入项目施工现场应根据原需求计划充分利用，在现场施工过程中应做好船舶动态管理，以月度或季度为单位做好船舶利用率分析、工效分析、油耗分析及单机成本核算，在分析中找问题，避免现场船舶冗杂、空置、超额消耗燃油，造成不必要的成本支出。

5. 船舶退场管理

船舶退场必须执行船舶退场手续，包括双方签订的船舶退场确认单及船舶燃油淡水存量确认单，严格把控船舶退场的时间及船舶剩余燃油和淡水数量。

八、管理费用控制

1. 编制项目间接费用预算

（1）间接费用指公司下属各施工单位为组织和管理施工生产活动

所发生的费用，主要包括办公费、差旅费、折旧费、会议费、党建费用、车辆使用费、宣传费用、租赁费、物料消耗费、水电燃气费、通讯费、诉讼费、保险费等。

（2）项目部应在项目组织策划阶段完成间接费用预算编制。间接费用预算核准应在签订项目经济责任书之前完成。

（3）项目部间接费用支出实行“总额控制、定期考核”原则。项目部间接费用预算总额一经核准，原则上不予变更，覆盖项目全周期；特别是业务招待类支出，一经核准，不予变更。

2. 实施阶段管理费控制

（1）项目部应在间接费用预算总额核准后 15 日内，对间接费用预算指标进行分解并报公司主管部门备案。

（2）每月结束后，项目部应进行间接费用预算执行分析并预测间接费用支出趋势。

（3）根据业务招待费、差旅费、会议费等可控费用预算总额分年度下达各部门费用控制指标，各部门负责人对可控费用进行总额控制管理；党建费用主责控制部门为具有党群工作职责部门（一般情况下为办公室）。

（4）年度结束后，公司将对项目间接费用预算执行情况进行考核并给予奖罚。奖罚依据集团公司和公司相关规定执行。

3. 具体制度办法及实施步骤

（1）管理费用采用“预算管理、指标控制、分类归口、程序审批”相结合的办法，按照“谁使用、谁负担、谁控制”原则进行管理，预算外费用严格执行“先审批、后开支”的原则。对各部门预算内费用实行预算总额控制，预算内费用直接按正常程序进行报销。在预算期间内超预算总额或预算外开支的，必须先履行预算调整手续，经审核通过后，财务部方可办理报销、付款手续。对于预算外的费用因特殊情况必须限期支付的，须由使用部门及时提出申请，经审批后办理报销、付款事宜，事后报预算管理委员会审核，审核通过后，调整预算总额，否则，不调整预算总额。

（2）管理费用预算按可控费用和公共费用进行严格区分。可控费用由归口部门管理控制，管理责任落实到相关管理部门，列入相关部门可控费用考核范围。

①部门可控费用包括办公费、会议费、差旅费、业务招待费四项费用，列入年度可控费用考核范围，办公费、差旅费、业务招待费的增长率要低于营业收入的增长率，会议费原则上不增长，按照此原则进行预算控制。

②会议费是指由公司组织召开的内部会议所发生的费用。包括食宿费、会场布置及使用费、资料费、差旅费等。报销时凭会议通知及会议签到表、费用单据集中一起办理。

③差旅费指因公出差所发生的费用。差旅费包括车船费、机票费、住宿费、市内交通费（交通补贴）、伙食补贴等。差旅费开支严格执行公司差旅费管理办法，乘坐交通工具及住宿超过标准的一律按照报销标准内规定的金额报销，超标准部分由出差人自行承担。

④办公费、业务招待费：包括用餐、用酒、用茶、礼品及因招待发生的住宿、交通等费用。开支标准、范围按照公司《业务招待费管理办法》编制预算；预算时考虑小食堂招待费用，食堂管理部门月末将费用分配至申请招待部门，一事一报，从严控制。

⑤牵头部门组织的会议、培训、检查等活动发生的会议费、差旅费、招待费等由牵头部门编制预算，对牵头部门进行考核。

⑥大型预算外会议、培训、检查等活动预计将发生的会议费、差旅费、招待费等，由牵头部门作为专项支出提出申请，经批准后开支。专项支出专项考核，不列入年度预算总额。

⑦新增部门自新增当月编制预算，经批准后实施。部门分列后，重新编制预算，经批准后实施，原部门发生费用在分列后的部门之间协商分摊。

⑧为促使员工及时报销，报销跨年度费用在报销年度考核。

4. 公共费用由归口部门管理控制

管理责任落实到相关管理部门，但不列入相关部门可控费用考核范围。

①技术质量部负责控制技术开发费、科技活动经费、团体会费；

②安全监督部负责控制防疫费用、职工薪酬中劳动保护费（含工服）；

③设备物资部负责控制归口设备物资部管理的机械设备和工具用具的折旧摊销、保险费及维修保养费；

④财务部负责控制财务费用、税费、上级管理费；

⑤经济法务部负责控制律师咨询服务费、诉讼费；

⑥人力资源部负责控制职工薪酬（职工薪酬中劳动保护费除外）等；

⑦综合办公室负责控制归口综合办公室管理的固定资产和工具用具的折旧摊销、保险费及维修保养费，通讯费，文具费，邮资费，水费，电费，燃气费，办公设备耗材费，租赁费，信息化费用，物业管理费，环境保护费，绿化费，招解聘费用，住房补贴，食堂费用，市内交通费，防疫费用及其他归口综合办公室管理的费用等；

⑧党群工作部负责控制书报资料费、刊物出版费、广告宣传费、党建经费、工会经费等。

九、安全成本控制

海上风电施工，安全是项目能否顺利实施直至全面履约的第一保障，安全事故引发的工程成本失控是毁灭性的，故安全措施费的归集、措施的落实执行是海上施工至关重要的环节。实践证明，海上风电施工，“安全”是最大的成本管控课题。

1. 编制依据

安全生产费用是指企业按照规定标准提取，在成本中列支，专门用于完善和改进企业安全生产条件的资金。安全费用按照“企业提取、政府监管、确保需要、规范使用”的原则进行管理。

2. 主要职责

公司主要负责人、分管安全领导、安全总监应定期关注了解安全生产费用的计提使用情况，发现问题，要及时督促解决。项目部层级要完成全生产费用的投入计划编制、相关凭证票据的收集统计、上报工作。

3. 归集范围

结合风电项目特征，基本归纳为十大类：

（1）完善、改造和维护安全防护设施设备支出，包括施工现场临时用电系统、机械设备、高处作业防护、交叉作业防护、防火、防爆、防尘、防毒、防雷、防台风、有害气体监测、通风、临时安全防护等设施设备支出；

（2）配备维护、保养应急救援器材设备支出和应急救援队伍建设与应急演练支出；

（3）开展重大危险源和事故隐患评估、监测监控、监管和整改支出；

（4）安全生产检查、评价、咨询和标准化建设支出；

（5）配备和更新现场作业人员安全防护用品、职业健康防护用品支出；

（6）安全生产宣传、教育、培训支出；

（7）安全生产适用的新技术、新标准、新工艺、新装备的推广应用支出；

（8）安全设施及特种设备检测检验支出；

（9）安全生产责任保险支出；

（10）其他与安全生产直接相关的支出。

4. 投入比例确定

（1）海上风电工程为2%。

（2）国家对基本建设投资概算另有规定的及地方政府另有规定的，从其规定。

5. 安全生产费用现状

海上风电项目安全生产费用一般按合同总价的2%计提，额度较大，归集比较困难。现阶段，我司承接海上风电项目的工作内容主要包括材料采购、加工制作、运输、沉桩、升压站安装、套笼安放、塔筒安装、轮毂组装、风机安装等。其中，基础加工制作约占合同总额的50%、运输约占2.5%、沉桩约占20%、安装约占20%、交通警戒船舶约占1.5%。相对于传统项目，海上风电合同额都是几亿几十亿的规模，基数庞大，按2%提取安全费用，困难较大。

个别分包单位的安全费用提取无法执行，如加工制作单位属于非建筑施工企业，故开不出安全生产费用发票，且采购加工制作部分占比高，因此使整个项目的安全生产费的计提受到了很大的影响。

6. 足额提取安全生产费用措施

（1）做好安全生产费用归集工作必须对使用范围充分熟知，周密考虑可计提项，并做好详细的策划；

（2）计提项目要与安全生产费用管理方进行充分的沟通，争取得到管理单位的认可；

（3）专业分包方面，单独计提及开具发票，在合同中约定安全措施费发票开具的要求，满足建安施工依法合规同时也确保安全措施费票据的归集。

十、质量成本控制

在海上风电项目施工过程中，质量管控也是影响成本的一项重要因素，出现质量问题后的整改、维修、返工；发生质量事故的损毁、赔偿，都会造成施工成本的增加。结合海上风电项目施工内容及特点，具体管控措施如下：

（1）大型基础构件加工制作、风机基础施工、风机安装施工、升压站施工，按其进度分别进行事前控制、事中控制和事后控制，制定相应管控方案；按影响工程质量的因素划分为人、机、料、法、环、测（5M1E）六大生产要素；按工程施工层次结构的控制过程划分为工序质量、检验批质量、分项工程质量、分部工程质量、单位工程质量控制；

（2）单位工程、分部工程和分项工程开工前，项目技术负责人应对承担施工的负责人和技术人员进行书面技术交底，办理签字手续并归档；

（3）在施工过程中，项目技术负责人对建设单位或监理工程师提出有关工程施工方案、技术措施及设计变更等施工要求，应在实施前向施工人员进行书面技术交底；

（4）在施工过程中应对测量控制点及测量点线妥善保护，严禁擅自移动，并妥善保存测量记录及归档，对扫海成果结合船舶性能参数进行可行性、适用性、安全性分析；

（5）材料质量控制符合下列规定：

①物资管理部门应在合格材料供应商名录中按计划进行材料招标采购半成品和构配件；

②材料搬运和储存应按搬运储存规定进行，并应建立出入库台账；

③项目经理部应对材料、半成品、构配件进行分类堆放并进行有效标识；

④未经检验和已经检验为不合格材料、半成品、构配件和工程设备等，不得投入使用；

⑤对发包单位提供的材料、半成品、构配件、工程设备和检验设备等，必须按规定进行检验和验收；

⑥机械设备质量控制要按设备进场计划进行施工设备的调配；现场的施工机械应满足施工需要；特种设备操作人员必须持证上岗，无证或资格不符合者，严禁上岗。

⑦计量人员应按规定控制计量器具的使用、保管、维修和检验，计量器具应符合有关规定。

十一、文明施工成本控制

海上风电项目在施工过程中存在废弃物排放、船舶污染、噪音、振动、原生态破坏等情形。故有利的防控措施是保护环境，同时也是降低治理成本的关键。结合海上风电施工内容及特点，依据国家、地方环保相关法规和工程施工环保评估方案，以及公司相关规定和船舶防污染公约，制定行之有效的环保措施，辅助海上施工作业。坚持“预防为主，防治结合”的方针，遏制生态环境破坏，实现自然生态系统良性循环。具体防控、保护措施如下：

（1）加强对作业人员的教育、提高海洋环境保护的意识和素质是环保工作的基础。

（2）加强对运输和作业船舶的监管，避免发生船舶碰撞、搁浅、火灾等事故。特别是平台船、半潜式安装船，预防事故发生。

（3）严格执行船舶供、受油规定。船舶油污水和垃圾进行集中回收并作好记录，严禁向海域排放和倾倒；加强对排污的控制，保护海洋环境。

（4）在施工过程中派警戒船只和固定人员定期对施工海域的海洋环境进行巡查，对于发现的海洋污染问题，立即上报，无条件地进行处理和补救，尽量尽快把污染减少到最低限度。

（5）加强与兄弟单位的协作、共同维护海洋环境。

（6）船舶应当取得并随船携带相应的防治船舶污染海洋环境的证书、文书。

（7）应当制定防治船舶及其有关作业活动污染海洋环境的应急预案，报海事管理机构备案，并按照应急预案定期组织演练，做好相应记录。

（8）船舶必须配置相应的防污设备和器材。按规定配备木楔、棉纱、吸油毡、集油桶等应急物资。

（9）船舶发生事故有沉没危险，船员应当尽可能关闭所有货舱（柜）、油舱（柜）管系的阀门，堵塞货舱（柜）、油舱（柜）通气孔。

（10）船舶冲洗甲板前，应彻底清除甲板上的残余物，严禁将任何废弃物冲入水域。

（11）船舶生活污水排放要符合相关规定，应当将不符合排放要求的污水排入港口接收设施或者由船舶污染物接收单位接收。

（12）船舶的残油、废油应当回收，禁止向海中排放。

（13）船舶不得使用不符合标准或者要求的燃油。

（14）船舶应对垃圾妥善保管，不得撒漏，不得混放，将垃圾交由具备处置资质的单位接收，同时做好相应记录。

（15）如存在废油以外的危险废物，应按照管理要求交由具备处置资质的单位进行处置。

十二、变更索赔

1. 二次经营立项

项目部根据前期的二次经营策划以及与分公司签订的二次经营责任书，结合项目的开展情况完成二次经营立项工作，即二次经营工作实施前的专项策划、效益分析、事项申请、审查审批等工作；因二次经营项目以施工现场形象进度为载体，故其立项工作是动态变化的，项目部根据变化情况要及时更新调整；二次经营立项是未来考核兑现的时间性先导文件，即核算中判断费用支出及最终成效的考核时间起点。

2. 二次经营的主要方向

海上风电施工项目二次经营的主要方向及项目有设计变更、方案优化、合同变更、材料补差、政策性费用调整、索赔、保险理赔等。具体的变更索赔点如下：

（1）设计变更项目主要有基础形式变更、基础防冲刷类别变更、风机型号变更等。如：吸力筒式基础变更为单桩基础，可降低加工制作和施工成本，从而提升利润点；基础防冲刷一般有两种，即抛石和固化土，可根据投标报价和市场行情选择性地进行变更处理；风机型号变更往往是因为主机生产厂家生产能力受限，业主只能选择不同厂家的多种机型，来满足容量及进度需要，此类变更会增加施工成本（降低安装船效率，增加工装的转换成本），因此风机型号的变更可以作为一个向业主索赔的切入点。

（2）方案优化是指通过方案的调整降低施工成本的过程。主要有：运输方案优化，可根据现场施工进度合理调整配载方案，达到有序衔接降低成本的效果；风机安装辅助装备方案优化，如开发研制了通用型轮毂工装，解决了六种机型更换轮毂工装的技术难题，有效控制了施工时间，降低了施工成本；开创主机部件接货新方案，实施浅水区接货方案，有效地应对了恶劣的海域环境影响，延长了现场施工窗口期；“平衡梁单机抬吊”“叶片穿甲板”等施工工艺创新，使风机吊装效率大幅度提升；研发稳桩平台快速就位及起拔的方法，在稳桩平台定位完成后，靠自重自沉入泥完成定位，不再使用震动锤震入定位桩，且稳桩平台可用起重船整体拔出，减少了作业工序，每根基础沉桩最多可节约21小时。

（3）合同变更主要是因为不可抗力、政策调整、海事管辖等原因，导致原有合同无法继续履行，而发生的类似于“情势变更”的合同条款、价格调整的情形。如：因电价补贴的政策导致“抢装潮”，船机租金价格暴涨，在建项目无法继续实施，故大部分项目的合同单价均做了调增；也有项目因海事问题，项目建设取消或搁浅，已签订的合同因无法履行而取消。此类调整均可纳入索赔范畴。

（4）材料补差主要是钢材、油料价格上涨导致的价格调整。海上风电项目的大多数业主倾向于固定单价合同。故在施工阶段材料补差相对困难，几乎不可能，只能是在投标阶段合理谨慎地选择项目，或与业主沟通在合同专用条款中约定材料补差。固定单价合同也有对施工方有利的一面，那就是：如果材料价格下降，则利润点会相应大幅度提升。

（5）政策性费用调整主要是根据国家或地方政府的相关政策，涉及的相关费用调整。目前完工项目涉及的仅有因疫情影响纳税人增值税税点调减的情形。

（6）索赔主要是围绕合同针对业主违约、不可抗力的约定、不利物资条件影响、业主的额外要求等提出补偿申请，并争取成功的过程。目前涉及的索赔主要有：业主的“形象工程”，即在不具备开工条件下，为达到政治影响力而要求提前施工的费用补偿；因风机厂家供货延误原因，造成我方核心装备船停滞误工的赔偿；因不可抗力造成的运输船滞船费、相关维护费的补偿；业主提出变更增加施工成本的费用补偿；非施工方原因增加现场工作量的补偿等。

（7）保险理赔主要是人身意外伤害险、船机设备商业险的相关理赔。

3. 二次经营确保实现的保障措施

（1）坚守契约精神，越是不利的情况下越要向业主展现铁建人的履约决心，目标一致，才能合作恒久，最终促成期望的实现；

（2）领导要高度重视，必要时集团公司领导和分公司主管领导要到项目上调研、指导工作，并持续保持与业主方的深层次沟通，时刻掌控业主的战略动向、资金储备等情况；

（3）项目团队要具有高效的执行力，能够完成业主指令、贯彻落实领导指示，脚踏实地、不遗余力；

（4）充分利用“情势变更”，找准法律依据，结合相关政策稳步推进；

（5）收集整理详实的调价支撑材料，恰当时机及时与业主方形成会议纪要。

十三、成本核算与分析

按照集团和分公司责任成本管理办法，项目部定期开展成本分析活动，项目部责任成本管理工作小组组长牵头，所有部门联动配合，本着“收支范围一致，时间节点一致，阶段成本全覆盖”的原则，进行成本核算，对照责任清单进行节超分析。针对亏损项和超支的费用，归口的责任中心要分析原因并制定整改措施（下一期成本分析活动会要对上一期整改措施的落实情况进行总结），形成的核算分析材料要按月、季度上报分公司。

分公司责任成本管理工作小组每季度召开一次经济活动分析会，分析所有在建项目责任成本执行情况，并进行阶段性评价。

核算及分析过程重点关注事项如下：

（1）责任清单中有实物工程量的项目，核算要体现量差与价差，核算范围要对等匹配，避免费用科目漏项，以确保核算的准确性；

（2）总价项目按照工程进度（完成产值）比例分摊，再与责任预算对应项目及对应比例对比分析；

（3）风机基础加工制作环节重点关注钢材损耗率，结合不同结构形式、部位、备料图、以往项目统计数据，进行综合对比分析；

（4）船机管理方面要根据组织模式分别关注，一是自有船机的单机核算，包括油耗、工效、维护保养、备品配件、周转材料等；二是按周期租赁的各类运输、辅助船舶（拖轮、锚艇、交通船、其他船舶）使用情况分析，针对其当月完成的具体工作或实物工程量分析油料消耗；三是按专业分包进行管理的运输船，如有滞船费发生，则核算其额度是否合理；

（5）项目完工后，其核算分析结论作为考核的重要依据，进行奖罚兑现从而充分体现责任机制。

每个项目完工后，对各成本单元的实际费用进行统计分析，建立相关数据库，以备未来某个成本单元实现“模块化”，即形成企业内部核算定额，达到测算、核算、考核口径一致，路径统一。例如：“其他直接费”和“间接费”的测算及核算就比较容易实现“模块化”。目前阶段，标前成本、标后成本与项目实际成本在“其他直接费”和“间接费”的费用归类、计提标准等方面存在较大的差异，导致后期的核算分析工作因口径、路径、计提标准不同而难以比较分析。

未来的工作中，针对“其他直接费”，其中：安全文明施工费、保险费、试验检测费等可按相关比例及基数计取；临时工程费（包含临时驻地、临时码头、通讯、用水用电等)、施工手续办理费、气象服务费、招标代理服务费、经营奖等，可以根据几个项目实施下来的经验，测定计提比例及划定取费基数进行费用的计取（对于因不同海域不同地理位置导致的临时驻地、码头及施工手续费不一致的，采取微调方式解决)。

针对间接费，可根据项目的规模、工期，将管理人员工资和福利费、差旅费和业务招待费等按照“××元/人”和“××元/月”进行模块化测算，同时将测算表中的和其他直接费重复的部分删除和简化(临时费用和劳保费用在其他工程费和间接费的表格里面都有)。

以上需要市场部、经济法务部、财务部和综合办一起完成，上述成本单元的模块化，可使标前测算省时省力（主要精力放在“直接工程费”的测算上即可)，同时还有利于标后成本的测算和执行。

十四、过程考核兑现

1. 年度预考核兑现

分公司经济法务部根据项目部当年施工任务完成情况，按照相关制度，进行年度预考核兑现。实施步骤如下：

（1）完成项目经济责任书的项目部自评分，并上报评分结果；

（2）分公司各部门针对各自业务范围内的评分项进行复核；

（3）分公司经济法务部对上述复核结果进行汇总，根据绩效考核相关办法进行计算，确定项目的量化指标完成结论并上报分管领导；

（4）经分管领导审核通过的考核结果，再经总经理办公会讨论通过后，由综合办（人力资源）根据考核结果制表确定项目部主要人员兑现方案；

（5）项目部根据分公司下发的兑现通知进行年度预兑现的发放。

2. 二次经营考核兑现

二次经营考核兑现的前提是项目经济责任书总体目标全部完成，没有完成经济指标的项目部不予考虑二次经营考核兑现。在经济责任指标完成的基础上，结合集团公司关于二次经营管理的相关制度和签订的二次经营责任书，对项目部及其他相关人员进行考核兑现。

第五节　竣工收尾阶段成本控制

包括竣工决算、销户并账、余款清收和终期考评四个环节。

一、竣工决算

1. 概算清理及竣工决算

项目进入竣工收尾阶段后，项目部要组织专人进行概算清理和竣工决算，同时重点做好竣工阶段的迎接审计工作，争取项目效益的最大化。

海上风电项目因建设周期相对于传统项目短，施工任务比较集中，且施工项目相对单一，故概算清理环节比较简单。但因其投资额较大，各方资金现金流需求急切，所以项目部与业主的结算确权是整个项目确定营收、争取现金流回收的最重要环节，应重点关注如下事项：

（1）要与业主顺利地办理结算确权，合同全面履约是前提。包括合同执行过程中各关键节点、里程碑的完美履约，合作过程中增强彼此诚信度、满意度；

（2）对于不能全面履约的项目，要积极处理遗留问题，通过与业主协商在完成范围内合理结算确权；

（3）费用的确权是一个累计叠加的过程，结算确权是确认最终的总收入（等于已计量部分+待批复部分），加强过程计量尤显重要，即加大工程进度款计量工作力度，确保及时且100%额度；

（4）对于确权困难的项目和费用，应收集整理全部的支撑材料，按照合同条款以书面形式与业主交流，同时注重双方高层的对接。做到基础工作扎实、申报流程合规、掌握业主动态，争取最大范围、最大额度的确认批复；

（5）对于迟迟不能确权的或业主有意推诿抵赖的，将视情况决定是否采取司法诉讼进行解决。

2. 加强对下结算管理

工程完工后，及时清理劳务、外租设备和各类货款，按合同进行结算，锁定工程成本，防止出现经济纠纷。

海上风电项目根据其工程特点，收尾阶段存在的风险主要有：成本失控、业主合同履约风险、法律纠纷案件风险、第三方审计核减风险等，此处仅对成本失控进行重点分析。

项目进入收尾阶段，主体工程基本完工，主营业务收入（业主进度计量款）呈现递减趋势，按常理成本费用支出也应呈递减趋势，但实际情况往往相反，个别项目在短时间内对比收入还有上升趋势。造成该现象的原因分析如下：

（1）前期成本（分包对下计量、设备租赁费结算滞后、物料采购入库不及时等）入账或统计不及时，造成收尾阶段集中入账。

（2）分包分供商的索赔导致成本增加。

（3）租赁的大型设备在收尾阶段的计划安排不合理，以及闲置设备清退不及时，导致设备租赁费失控。

（4）前期主体工程施工质量问题较多，返修返工导致成本增加。

（5）个别支付采用商业承兑汇票，导致财务费用增加。

（6）无后续项目衔接，管理人员一定时期内不能合理安排，导致间接费在一定时期内持续不降。

（7）自有或长租船机设备费用摊销，有无项目均按月发生。

针对上述分析结果，要采取的应对措施如下：

（1）加强成本核算分析过程管理，并对造成的不良后果或损失进行追责。

（2）严格分包分供商合同管理，对于变量的统计确认环节要严格按照流程审批，完善第一手资料并确保其真实性，同时建立追责机制。

（3）确保施工全过程船机设备配置方案最优化，随工程进度及时做出动态调整闲置设备及时清退，造成重大损失的要追责。

（4）针对存在的质量问题要厘清责任方，返修返工发生的成本要由责任方承担。

（5）财务费、间接费、摊销费受外围大环境影响，是将来普遍存在的问题，是客观存在一定要发生的，均无法规避和有效防范，只能加强对应环节相关工作的完成质量，把损失降到最低。

3. 竣工审计

项目竣工后上级单位要及时对项目进行内部竣工审计，科学评价项目管理成果，作为项目承包合同兑现的依据，以便及时兑现考核，实现奖惩。

二、销户并账

销户并账是针对完工收尾项目的一项重要管控手段，完工收尾项目是指合同内实体工程已基本完工，除工程项目质保期内容外无其他工程施工内容的项目，包括完工已结算项目、完工未结算项目、停工和撤场项目。“销户并账”是指完工收尾项目将原核算账套并入上级单位账套，或将原核算账套管理权限上交至上级单位。原则上，纳入共享中心核算账套并账采用“将原核算账套管理权限上交至上级单位”的方式并账（收入成本已锁定，达到销账条件的除外）。

1. 完工收尾项目财务管理原则

（1）坚持“四个集中统一”原则。即财务收支与核算集中统一纳入上级（法人）单位，资金审批权限集中统一上收至上级（法人）单位审批，各类公章、印鉴集中统一交由上级（法人）单位管理，项目债权债务集中统一纳入上级（法人）单位清收清欠管理范围。

（2）坚持“并账不并责”原则。并账后，完工收尾项目的工程验交、缺陷整治、变更索赔、债权债务、内外部审计等相关工作仍由原项目经理（指挥长）、财务负责人以及项目其他有关责任人具体负责。

（3）坚持“应收尽收、应并尽并”的原则。凡是满足完工收尾项目并账实施条件的，应及时按照程序办理并账。

2. 海上风电项目两级管理单位职责

（1）项目部主体责任。制定本项目并账工作计划，及时准备并账资料；按时移交会计档案资料，并对移交资料的真实性、完整性负责；项目经理（指挥长）为项目并账工作第一责任人，项目财务负责人为项目并账财务资料编制、移交及后续财务工作的直接责任人，且不因工作岗位的调动而改变。

（2）分公司管理责任。制订本单位年度并账工作计划，审核所属项目并账工作计划并监督执行，及时下达《并账通知书》；负责核定并账项目成本，审批并账项目资金开支，做好并账项目后续财务管理工作；帮助并账项目解决工程、经济、资产、诉讼、风险等各类问题；监督下级各单位做好并账工作。

三、余款清收

建立收尾项目清收责任制，项目经理和相关部门负责人为余款清收责任人，采取清收与项目承包合同兑现相挂钩的方式，加强尾款回收力度，尽快收回余款，加快效益变现。

项目并账后，涉及工程项目的二次经营、对上对下清算工作仍由原项目经理（指挥长）负总责。原则上在完成对业主末次计价后三个月内完成对下施工单位的末次验工计价，转清所有待转成本费用，完成项目对冲销号工作。并账后对原项目债权债务的管理实行“谁经办、谁负责、谁催收”的原则，原项目经理（指挥长）为清收清欠第一责任人，负责与业主确权结算、清收债权；定期对照合同逐一进行债务清理，对到期债务及时进行资金支付，努力降低债务支付成本，实现清债创效；未到期债务要定期进行函证。原则上，项目销号后三个月内完成债权债务清理工作，对债权收回确有困难的项目，由原项目部出具专项说明，并明确最终债权债务时间，避免久拖不清的情况。

同时，要求各项目充分认识到清收清欠是项目资金的唯一来源，牢固树立清欠就是创效、清收就是营销的理念，与项目经理一起，做好清收清欠工作，力争早回款、多回款。一是建立清收清欠工作日志制度，为每个项目建立档案，实时跟踪，动态管理。记录项目的基本情况、付款条件，跟踪约谈情况，诉求与建议以及方案落实情况。二是多措并举，收回债权。要分析清欠工作困难形成原因，针对不同情况采取有针对性的措施，可以采取电话催收、登门拜访、保函置换、实物抵债、高层对接、供应商分包商民工协助、催款函、律师函、诉讼等办法追回款项。三是严格奖罚兑现。年度终了后，根据清收清欠责任书，及时兑现奖罚，奖金分配侧重贡献较大的人员。

项目部应将清收清欠作为核心工作狠抓落实，依约主张债权、依法维护权益，按照既积极清收又讲究策略的原则，创造性地开展清欠工作，完成项目收尾计价确权、资金回款目标。

（1）做到应收尽收。项目部应收集项目工程合同及补充协议、竣工验收资料、结算书、签认单、相关会议纪要等基础资料，形成辅助档案，使清收清欠工作有据可查。根据合同约定，积极办理到期计价结算回款，到期一笔清理一笔。

（2）当事人已更换，或者项目环节交叉、错综复杂的，需要我们深入研究，紧抓线索，一追到底。对于拒不偿还债务的，经领导同意，可采取法律手段维护公司的权益。项目部应结合项目实际情况，灵活运用保函置换、第三方担保等方式完成项目尾款回收工作。

每年年初，公司与项目部签订年度清收清欠责任书，确定当年清收清欠指标任务，按照清收清欠管理制度明确奖罚。

四、终期考评

项目债权债务清理完毕，且档案资料全部移交公司后，根据项目经济责任书及相关规定及时对项目管理层进行终期考核兑现。海上风电施工项目因其施工周期相对于传统项目短，项目施工工期大多为一年，故要在项目完工后及时做好终期考核兑现工作，以利于激发项目部管理团队的管理热情，并快速提升管理水平，使责任成本管理工作实现完美闭环，施工企业管理进入良性发展轨道。

通过科学管理持续优化考核激励体系，不断加强过程管控，推动考核激励工作深入开展，引导激励全体员工积极参与企业整体绩效提升，实现员工绩效和企业战略目标的有机统一。

第五章　海上风电场风机基础及风机安装施工成本控制

为打造“品质铁建”，认真贯彻落实“1234 +”工程项目管理思路，深入推进责任成本管理工作，促进项目管理和创效水平不断提升。集团公司以某海上风电场项目为试点，深化开展责任成本管理实验室工作，不断提升责任成本管理工作能力及创效水平。

第一节　研究背景

一、项目概况

某海上风电场项目位于江苏启东近海海域，场区中心离岸距离约37km，海底地形变化较为平缓，水深在10～16m。H3#场区呈梯形，东西长约16km，南北宽约2.7km，规划海域面积43km^2。

合同内施工内容含48台上海电气6.25MW的风力发电机组基础及安装，装机容量300MW。由于受疫情影响，上海电气6.25MW主机供应存在较大问题，因此经业主调整后，合同施工内容变更为50台风机基础施工及风机安装施工，其中，风机安装包括13台上海电气6.25MW、9台上海电气5.55MW、10台远景能源5.2MW、7台东方电气7MW、10台中国海装6.2MW、1台中国海装10MW样机。

本项目签约合同价96509.72万元，其中建安费95602.52万元（固定单价），其他费用907.2万元（总价包干），合同工期为2020年3月1日至2021年9月30日。

二、工程特点

1. 工程量大、工期紧，施工组织难度较大

本工程工期19个月，施工内容包含大宗钢材采购、钢管桩及附属构件制作、钢管桩沉桩、风机安装等，各工序间存在平行、交叉作业，相互制约，施工难度和协调难度较大。

2. 资源保障率要求高

本工程钢管桩、风机组件等均是海上运输，且风机型号种类繁多，在施工中海上运输的组织难度极大。对运输船舶的船型要求、运输过程中的船舶调配、运输货物的装船顺序等均有较高的要求，一旦某个环节安排不当，将对现场的施工进展产生巨大的影响，从而影响工程进度和施工成本等。同时，起重船及风电安装船的档期问题也是制约本项目工期的关键。

3. 项目所处海域海况不容乐观

本项目所处海域受内陆河入海口交汇洋流及吕四渔场影响，水文情况复杂，受浪涌、潮汐影响较大；同时海床为近海淤泥层；气象多变，根据对设计提供的历年天气及海况情况统计，累计全年海上施工窗口期基础施工为130天、安装施工为120天，且该施工时间为不连续时间，

期间还存在较多可能由于窗口期不连续无法施工的情况。所以在施工过程中需做好天气海况等方面的详实记录，一方面用于后续与业主进行工期、费用索赔；另一方面为今后在江苏海域继续从事海上施工提供一定的依据。

第二节　研究目的

某海上风电项目承揽时为当时国内单体装机容量最大的海上风电项目，施工内容涉及风机设备运输、吊装，桩基基础采购、加工制作、运输及施工等。海上风电项目为我集团开拓的新领域，根据本项目的特点，结合项目实际情况，通过收集整理项目实施过程中存在的问题及好的做法，分析总结，加强对海上风电项目的了解，提升项目责任成本管控能力，提高项目效益。

第三节　研究人员

为进一步抓好责任成本管理实验室建设工作，切实强化项目责任成本管理水平，提升项目创效能力，根据集团公司及分公司要求，某项目部成立了以项目经理为组长，分管副经理为副组长的责任成本管理实验室领导小组；成立了以分管副经理为组长，各部门负责人为组员的责任成本管理实验室工作小组。

第四节 研究流程

1. 确定责任成本管理实验室的工作范围和研究内容。

2. 制订某海上风电项目责任成本管理实验室实施方案，明确工作要求及工作流程。

3. 明确成本管理实验室组织机构，完善管理体系。

4. 根据项目实施情况，研究制定工作方案，保证各项工作按照方案顺利推进。

5. 总结分析出一套具有操作性可推广的海上风电项目责任成本管理要点。

第五节 主要做法

根据成本管理实验室的课题及目的，结合施工现场实际完成情况，总结归纳主要工作做法如下：

一、统筹船机资源，优化船机配置

1. 船机配置原则

（1）结合现场实际的最佳配置原则。根据该海域的水文、气象、地质条件，结合施工进度计划、不同机型特点、工序交接节点，合理选择施工作业船舶，留有适当的冗余度。

（2）兼顾全部在建项目的统筹合理配置原则。2021 年度分公司海上在建项目共计 6 个，均为年底前完工，分别为最北面的大连庄河海域 3 个项目，黄海南部海域的某项目，最南端的南海海域 2 个项目。根据各项目的施工任务量、进度安排，结合后场大型钢构件的加工制作进度，合理调配已锁定的全部船机资源。

（3）发挥自有船机主动性引导性作用，提高自有船机的施工效率。我方自有船机为铁建风电 01、铁建潜 01 及长租的中船海工 101 共三艘风机安装船、3000t 液压锤。为提升施工效率，我方通过劳务招标为铁建风电 01 及中船海工 101 安装船配备了风机安装劳务施工队伍，铁建潜 01 配置的安装作业人员为公司自行组建，液压锤也配备了专人管理。同时制定了风机安装进度奖励办法，并严格执行。

（4）充分调查海上施工船机资源情况、市场行情、施工动态。我方对海上风电施工中两个关键工序的所需船机资源进行了调查，收集整理了国内市场相关资源的资料。充分掌握国内海上风电施工大型船舶的性能参数、施工动态，为保障施工现场的船机供应及后续的生产经营做好了准备。

（5）辅助船舶择优选用原则。对于运输船、锚艇、拖轮、交通船等辅助船舶，严格执行“三项招标”制度。从船舶性能、工效、档期、价格等全方位择优选用。

2. 主要船机配置

沉桩施工船机配置：因我方没有大型起重船组，故沉桩作业采取分包模式进行施工。要求起重船吊装载荷在 2000 吨以上，我方先后使用的船组有：BQ 公司的“QHG1”、TS 公司的“DSH”、SH 公司的“HL106”等船组。

风机安装船机配置：我方自有“铁建风电 01”“铁建潜 01”及长

租的“中船海工 101”。

3. 钢管桩沉桩施工工效分析及定额测定

通过对本项目钢管桩沉桩施工工效分析，结合本项目所属海域，基本可真实地反映项目周边海域沉桩施工的额定时间，可作为该海域沉桩施工成本价格测算的依据，为今后在该区域投标提供了 定的依据。但通过对比其他单位海域施工情况，项目所在海域是属于海况最差的，若扩大至整个黄海海域，还需要在今后其他位置施工时进一步统计，不断地更新完善沉桩施工工效分析。同时，也为今后我司自行组织沉桩施工作业提供极大的技术支撑。

按照现场起重船施工组织情况，分 4 个阶段进行统计分析，见表5－1。

表 5－1　　钢管桩沉桩施工工效分析及定额测定

沉桩施工阶段	沉桩施工起止期限	沉桩施工船组	期间内沉桩施工数量（根）	单桩平均有效作业耗时（h）	单桩沉桩施工额定耗时（d/根）
第 1 阶段（2020 年 8 月 6 日至 9 月 19 日）	2020 年 8 月 6 日至 8 月 17 日	BQ 公司“LT1”船组	2	52.5	5.5
	2020 年 8 月 20 日至 9 月 19 日	TS 公司“DSH”船组	5	41	6
	第 1 阶段总计		7		5.43
第 2 阶段（2020 年 12 月 24 日至 2021 年 3 月 11 日）	2020 年 12 月 24 日至 2021 年 3 月 11 日	SH 公司“HL106”船组	10	55.4	7.8
第 3 阶段（2021 年 4 月 8 日至 5 月 8 日）	2021 年 4 月 8 日至 5 月 8 日	BQ 公司“BQ58”船组	4	30	7.5

续表

沉桩施工阶段	沉桩施工起止期限	沉桩施工船组	期间内沉桩施工数量（根）	单桩平均有效作业耗时（h）	单桩沉桩施工额定耗时（d/根）
第4阶段（2021年6月8日至9月8日）	2021年6月8日至8月28日	TS公司“DSH”船组	17	18.13	3.53
	2021年8月18日至9月8日	BQ公司“BQ58”船组	10	26.28	3

综合上述四个阶段的分析，得到初步结论如下：

（1）某海域每年的11月至次年4月份，因受气候、季风等影响，沉桩施工效率较低，在该时段测定其平均工效不低于10天/根。

（2）每年的6月至9月，是最佳施工期，单桩沉桩每根的额定工天为2.22天。

4. 风机安装施工工效分析及定额测定

根据三条自有安装船在启东海域安装的实际情况，初步分析出在启东海域不同时间段、不同类型船舶的安装效率，同时结合实际情况初步计算自有船舶的安装成本。对比海上风电“抢装潮”下的实际市场价格情况，为后续海上风电项目承揽以及打造更大型的风机安装船提供了一定的理论依据。

根据现场采集的风机安装数据，分析安装船的工效，具体情况如表5-2所示。

表5-2　风机安装施工工效分析及定额测定

风机安装施工阶段	安装起止期限	风机安装船	期间内安装数量（台）	单台风机安装额定工天（d/台）
第1阶段	2021年1月至3月	铁建风电01	7	12.85
第2阶段	2021年2月至4月	中船海工101	7.5	11.6

续表

风机安装施工阶段	安装起止期限	风机安装船	期间内安装数量（台）	单台风机安装额定工天（d/台）
第3阶段	2021年5月19日至7月20日	铁建潜01	6	10.67
第4阶段	2021年4月至10月	铁建风电01	29.5	7.12

综合上述四个阶段的分析，得到初步结论如下：

（1）某海域冬期、季风期风机安装效率较低，支腿安装船单台风机安装的额定工天为10天至12天；

（2）施工窗口期，支腿安装船单台风机安装的额定工天为8天，坐底式安装船单台风机安装的额定工天为11天。

（3）某项目自有设备的风机安装成本为：支腿船××万元/台、坐底船××万元/台。

二、注重管桩管理，提升供应能力

1. 基础钢管桩特点、参数及工程量

该项目海上风机基础全部采用钢管桩单桩基础，该单桩基础特点为体量庞大，所需加工场地规模大，成品运输所需船舶载重吨位大，沉桩施工工序相对简单但对起重船的性能要求较高。

单桩主体为DH36钢板及Q355C钢板，壁厚60~90mm，单桩钢管桩直径为6.0~7.5m，重量约为640~1130t，长度为67~85m，共计50根单桩，钢材总用量约4.56万吨。

2. 钢管桩制作工艺流程

钢管桩制作包括下料、坡口加工、卷圆、纵缝焊接、回圆、小组对、中组对、总组对、附属构件焊接、冲砂、油漆等多道工序，每道工序间可进行搭接，单根桩全过程制作周期平均在30天左右。

3. 钢管桩制作及运输的基本原则

制作厂家优选原则：钢管桩（大型钢构件）加工制作行业目前已形成产业化、专业化，中国沿海区域厂家分布较多。故我方在公开招标前对周边厂家进行了现场调研，从产能、已有签单任务、质量、工效、成本、码头、存储能力等多方面进行了实地考察，进而优选合作厂家。

制作及运输时间节点完全覆盖沉桩施工现场进度周期：除了保安全、保质量、控成本之外，最重要的就是成品桩的供应。钢管桩的供应要及时，确保起重船组的连续作业，杜绝船等桩的情况发生。

制定运输备选方案，防止突发情况造成供应中断：沉桩施工期间，项目部租赁大型运输船舶，弥补各厂家的运力不足、不及时，保证现场单桩供应。

4. 钢管桩制作、运输实施

本项目进场初期即由设备物资部进行了钢管桩的制作与运输招标，考虑到本项目工期紧、任务重，在投标单位中结合报价、生产能力、加工单位实力等方面，优选了四家加工单位作为本项目的钢管桩制作运输中标单位。在项目实施过程中，综合考虑各加工厂家的实际生产进度、加工质量、运输能力及与我方的配合度，来进行管桩的分配，即实行动态管理分配，极大地提高了管桩供应能力，确保了现场施工中未出现船等桩的情况。

三、抓牢沉桩资源，推进沉桩施工

1. 钢管桩沉桩施工工艺流程简述

沉桩施工需要的船机设备主要有起重船、稳桩平台、液压锤、锚艇、拖轮及配套的吊索具、工器具。沉桩施工工序依次为起重船定位、稳桩平台施工、运输船靠泊、钢管桩起吊翻桩、立桩、入龙口、钢管桩自沉、安装替打、起吊液压锤、沉桩（高应变检测）、沉桩结束、安装内平台（桩顶复测）、拆除稳桩平台、套笼安装、移至下一机位。

2. 沉桩施工特点、关键点及应对措施

本项目桩基类型多，单桩体量较大；海况恶劣，地质条件复杂，海上施工的大型起重船是该项目沉桩施工的关键，我司没有大型起重船，海上风电基础施工成为我司瓶颈。另外，前后场合理有序的配合，是沉桩作业连续施工、确保进度及成本可控的关键。为有效保证沉桩施工的安全高效，项目部采取了多项措施并取得了良好的效果：

（1）通过对钢管桩参数的分析，技术人员进行精确计算，确保了船机设备、吊索具、工装等的适用性及安全性。

（2）合理地进行船机设备的配置，确保船机设备利用率最大化。

（3）本项目机型多，桩型复杂，为有效确保沉桩效率，科学地制定沉桩计划，同一桩型连续施工，减少桩型改变带来的吊索具、工装等的调整，避免造成沉桩工效的下降。

（4）改进钢管桩溜尾钳，溜尾可自动脱钩，减少了挂钩脱钩时间，提高了施工效率。

（5）针对本施工区域地质差，溜桩严重的情况，通过在桩底焊接防溜桩板的措施，取得了良好的效果。

（6）多方面进行气象预判，合理地进行现场施工安排，确保窗口期利用率最大化。

3. 沉桩施工组织的应变措施

由于市场资源有限，加之新进入海上风电行业，对海上风电单桩基础沉桩施工未有过施工经验，因此经过综合考虑，为确保风险可控，本项目初期沉桩施工采用的是专业分包，由 BQ 公司及 TS 公司两家具备资质且海上单桩沉桩施工经验丰富的分包商实施。

之后，项目部在充分准备下，采用由 SH 公司提供起重船、由 BQ

公司提供辅助平台及沉桩施工服务、由GW公司提供沉桩专业劳务队伍，组成一套沉桩施工船组。该项目地处长江入海口，海况极其恶劣，加之冬季季风影响，两家队伍沉桩施工进展较为缓慢，但我方自行组织的沉桩施工船组在项目部精心策划组织下，累计完成10根钢管桩沉桩施工；另外，该10根钢管桩的施工完成，为我方两艘风机安装船“铁建风电01”和“中船海工101”提供了充足的风机安装工作面，加快了风机安装的进度，为最终提前完工打下了基础；该套船组的组织以及两艘安装船同时进场施工，促使我方同项目委托管理方签订了第一阶段费用增补的会议纪要，为后续第一次费用增补补充协议的签订做足了准备工作。

四、改进工艺技术，促成完美履约

1. 风机安装施工工艺流程简述

风机安装主要依托风电安装平台船进行施工，需要的船机设备主要有风电安装船、定位驳、锚艇、拖轮及各机型配套的吊索具和工器具。

风机安装分两种工艺，分别为单叶片吊装和叶轮吊装。

（1）单叶片吊装工序：安装船定位、插腿、抬升；定位驳定位；风机组件运输船靠泊；底塔起吊、安装；中塔起吊、安装；顶塔起吊、安装；机舱、轮毂一体化起吊、安装；第一支叶片起吊、安装；第二支叶片起吊、安装；第三支叶片起吊、安装；终检；降船移位至下一机位。

（2）叶轮吊装工序：安装船定位、插腿、抬升；定位驳定位；风机组件运输船靠泊；底塔起吊、安装；中塔起吊、安装；顶塔起吊、安装；机舱起吊、安装；轮毂倒驳；第一支叶片起吊、组对；第二支叶片起吊、组对；第三支叶片起吊、组对；叶轮起吊、安装；终检；降船移位至下一机位。

2. 风机安装难点及做法

海上风电施工风机安装需要大型安装平台船，对平台固定方式、吃水深度、吊机运转方式及起重量、最大吊高等有严格要求。某项目因风机厂家产能原因，风机机型由 1 种变为 6 种，加之受限于制桩、沉桩的影响，单一机型的风机安装不能完全连续，频繁更换工装、吊索具等给安装作业增加了较大的难度，也极大地影响了风机安装的效率。为有效保证风机安装施工的安全高效，项目部采取了多项措施并取得了良好的效果：

（1）由于本项目机型多，机型转换时需要花大量时间进行吊索具和工器具的转换，为尽可能减少这一环节的时间，安装计划按照同种机型连续施工，减少转换次数的原则进行编制，并得到坚决执行。

（2）制作了通用型轮毂工装。在机型转换时，传统轮毂工装需要全部更换，切割、焊接的时间约为五天，在采取通用型轮毂（如图 5－1所示）工装后，更换的时间控制在半天左右，同时，此项工作可以在施工间歇期间进行，不影响施工，大大提高了施工效率。

图 5－1　通用型轮毂

（3）本项目施工区域气象复杂，海况瞬息万变，准确地预判气象海况情况，施工计划细化到每个小时，同时根据气象海况的变化，及时进行现场施工的调整，配合大吨位四锚定位运输船的使用，最大限度地抓住短暂窗口期进行施工。

（4）采用叶片横穿甲板工艺，避免了叶片运输船的二次定位，施工时间可节约至少6小时以上。叶片横跨安装船甲板施工工艺：定位驳一次定位，叶片船一次靠船，首先安装原第二支、第三支叶片，即两支叶片需穿过安装船甲板的吊装方式，最后进行原第一支叶片的组对。定位驳和运输船不需要二次定位靠驳；减少锚艇的使用次数；可以持续作业，减少吊具安装与拆卸的时间，降低了安全风险，例如，夜间移船靠船、涌浪过大移船困难、船机舵桨绞到渔网等。

（5）加强各工序之间的衔接，避免窗口期的浪费，如安装船在插桩抬升的同时，进行定位驳或者运输船的定位，在安装船抬升完成后，马上进行吊装施工。

3. 风机组件保供

本项目共4个风机厂家，6种机型，且风机组件北至庄河，南至莆田均有分布，极其分散，如何保供现场施工是最大的难点。同时，本施工海域海况差，施工窗口期短且不连续，消涌时间长，均严重制约安装效率。为确保施工现场物料的及时连续供应，避免出现大船等小船的情况，项目部采取了一系列措施并取得良好的效果，具体如下：

（1）多次与业主、总包对接，由业主租赁一个堆存场地大、出运码头条件好的后方堆场SH船厂，前期主要作为各个厂家主机、轮毂的堆存场地，确保长期保有一定的富余量。提前安排运输船从各个厂家运输一定的主机、轮毂至堆场，根据现场的施工进度及堆场保有量随时进行补充。

（2）根据各个出运码头到现场的航行距离，综合调配运输船的数量，确保各吊装面同种物料有一船物料在用，有一船物料在现场待卸，有一船物料在运输过程中。

(3) 针对现场海况差，窗口期短且不连续的困难，合理地制定了大船和小船共同运输的方案，充分利用小船灵活，海况好时使用，大船稳性好，具备四锚定位能力，海况差时使用。

(4) 针对部分出运码头靠泊能力差，无法靠泊大船的困难，项目部充分利用后方堆场的功能，通过小船倒驳物料至后方堆场，再通过大船将整套物料运输至现场，一是加强了恶劣海况的保供能力；二是整套物料一条船运输至现场，减少了现场靠泊次数，提高了施工效率；三是加强了短暂窗口期的利用。

(5) 开创性地提出了浅水区接货的方案并得以成功实施。通过对气象海况的合理预判，提前安排风机安装船航行至水浅、周围有浅滩、涌浪小的海域倒驳物料至甲板，再航行至机位点进行安装，避免出现因涌浪大，运输船无法定位靠泊的情况，成功地变非窗口期为窗口期。

五、优化技术方案，增工效降成本

1. 钢管桩起吊翻身吊耳设计

传统工艺：钢管桩运输至现场，钢管桩卧在运输船上，使用大型起重船起吊，通常采用抬吊的施工工艺，需要在桩身和桩底位置设置起重吊耳，以满足起重吊钩的挂钩要求。设计满足要求的吊耳直接焊接在桩身一侧。通常桩体完成立桩后，需要潜水人员至海底进行解扣或者水下切割。

优化方案：设计一种可以快速脱钩并可重复利用的桩底吊耳。改吊耳在桩体水平卧在运输船上进行安装，无需螺栓和焊接。在完成立桩后，吊机吊钩下降高度即可靠重力完成脱钩。

对比：传统工艺单桩吊耳重约4t，需要焊接在钢管桩体上。水下切割需要一组潜水员，水下切割约8～9小时。

通过优化，可节约 200t 钢材，节约 400 ~ 450 小时的作业时间，减少潜水作业班组 40 人/月。减少焊接和切割，不需要潜水作业。在施工质量上，桩体侧无异物可以保证桩体在打设过程中受力均匀，保证了桩体垂直度和桩顶平整度。

2. 钢管桩防溜板设计

某项目地质较为复杂，地质非均匀连续，中间夹杂软弱夹层，在沉桩过程中容易发生溜桩。大重量快速溜桩极易发生桩位偏差。

传统桩体设计：加大桩底桩体壁厚增加桩底受力面积。

新型方案：设置小型格体，利用土塞原理，增加桩底受力面积。

对比：同样增加受力面积 0.9m^2；增加钢管壁厚单桩（1000t）需要增加 38t 钢材。如果发生溜桩，接长钢管桩需要增加 230t 左右的钢材。采用新型防溜桩方案，只需增加钢材 1.7t。同时大大减少溜桩风险。共采用此方案 2 根，节约钢材 73.4t，避免可能溜桩发生的钢材用量 230t，安装复打作业船组施工 4 天。

3. 风机部件运输转运通用梁设计

传统大部件转运方案：目前，海上风机安装过程中，塔筒转运最常用的方法为双吊机抬吊，抬吊对现场的船舶和起重设备配置要求较高，并且非常依赖风场的天气情况，抬吊工艺需要大量的人机设备配合，且耗费宝贵的有效作业时间。

大部件转运平衡梁设计：平衡梁主要包括多段吊梁、连接法兰、吊耳等。吊梁可以通过连接法兰组成不同跨距的平衡梁。塔筒或大部件转运时，根据大部件不同的规格型号，选择不同的跨距，确保吊带下面受力垂直。利用此平衡梁可以实现单个吊机快速转运。

对比：使用平衡梁单台大部件转运时间可以减少 3 ~ 4 小时。50 台风机减少 150 ~ 200 小时。减少一台吊机（320t 履带吊）作业时间 400 小时。

4. 风机安装叶轮组队拼装工艺

常规工艺：定位驳定位在平台船右舷，叶片船靠好定位驳后，组对第一支叶片。第一支叶片组对时，运输船离开定位驳，定位驳需要重新起锚，移船至平台船左舷，运输船二次靠定位驳，进行第二支、第三支叶片组对。定位驳二次定位、运输船二次靠泊，且存在等潮水的情况。遇到夜间移船时，视线不清，渔网多，增加了移船、下锚的难度，安全隐患大，不可控因素多。无法保证施工的连续性，大大降低了施工效率。

创新工艺：叶片横跨甲板进行组对工艺。

定位驳一次定位，叶片船一次靠船，首先安装原第二支、第三支叶片，即两支叶片需穿过安装船甲板的吊装方式，最后进行原第一支叶片的组对。

对比：采用创新工艺后，单台风机安装总时长 32 小时，比其余机位节约 6 小时以上。某项目共有 32 台上海电气风机采用此工艺，共节约船组施工作业时间 192 小时。

5. 浅滩接货工艺

常规工艺：一般安装船在机位定点，等待运输船将大部件运送至船侧，等待风速和海况满足要求时再进行安装。某项目地处开阔海域，长期受北风及东风影响，海域无遮挡，现场涌浪较大，经常因为海况原因导致运输船无法靠绑定位驳，无法进行风机部件倒驳，严重影响风机安装效率。

浅滩接货：充分发挥铁建风电 01 自航优势，研究小组提出浅水区接货方案，即在现场海况较差不具备倒驳安装条件时，安装船航行至吕四港航道 18 号浮浅滩处接货，大部件倒驳存放在铁建风电 01 甲板，海况许可时返回现场插桩进行风机安装作业。

18 号浮线滩位于吕四港，该区域东侧有浅滩，西侧是吕四作业区南防波堤，此处水流平缓，外侧的浅滩阻拦了暗涌和大浪。铁建风电01的避风经验证明，适合安装船插腿站位接货。

对比：同区域内共6艘同等起重能力的风机安装船。铁建风电01完成7台风机安装，其他标段5条船仅安装4台。主要是运输船受涌浪影响无法定位靠泊。该方案彻底解决了现场倒驳大部件受风浪影响的问题，克服了恶劣海况影响，充分利用非窗口期，间接增加了可作业窗口，有效地推进了现场风机安装进度，并降低了施工成本。

六、狠抓二次经营，实现开源创效

由于海上风电处于抢装潮，海上风电项目施工船机资源市场火爆，船机租赁价格大幅上涨，针对项目施工成本增加严重的情况，集团公司高度重视该项目经济运行情况，新能源分公司及某项目部针对该情况及时开展索赔工作。项目部积极与业主进行多次沟通谈判，经过三级单位的共同努力，签订了费用增补的补充协议。此项费用的成功索赔，消除了市场施工资源要素上涨的不利因素，为项目创效提供了保障。

同时，在第一台风机安装完成之后，鉴于主机厂家机位交货所用船舶较小，不足以满足现场施工需求，对风机安装工效有极大的影响。因此，项目部提前布局谋划，多次多场合向业主表示需要用大型船舶组织风机组件安装，并且由施工单位运输风机组件更能提升安装工效，最终业主将部分风机组件的运输从主机厂家切出平移给我方，签订了风机组件运输补充协议。

鉴于在业主协调下项目部与TS公司签订的新的沉桩施工合同单价已超过第一次费用增补金额，因此，在与业主进行长达6个多月的第二次费用索赔谈判后，签订了第二次费用增补协议。

本项目二次经营（费用索赔）方面虽然取得一定的成绩，但这是在特殊环境下的结果，一般常规项目很难实现，因为现在大部分的项目都是固定单价，很难在项目实行过程中进行单价的调整，而且一般都设置了暂列金，变更很难超出暂列金的金额。但本项目以国家政策的影响向不可抗力方面靠近，以此索赔成功的做法可值得类似环境下借鉴。

七、做好风险防控，降低隐性成本

1. 恶劣工况条件下人员、船机安全保障措施

海上施工，工况复杂多变，风险因素多，如何保证恶劣工况条件下船机、人员的安全是本项目面临的严峻挑战。如：来自气候方面的台风、低温、潮湿；来自作业方面的高空作业、起重吊装、施工用电、焊接、船机操作、设备故障；来自海况方面的潮汐、涌浪等。

面对挑战，本项目在安全保障方面坚定不移地做到了以下几点：

（1）建立健全安全管理组织机构，安全管理上岗人数符合相关规章制度要求。

（2）制定完善的安全管理制度、操作规程，强化各级安全责任。

（3）建立完善的预警机制，把“预防为主”落到实处。如：定位系统、监控系统、气象预报网络平台、救生设施、防火设施等。

（4）确保安全措施费专款专用，及时更换到期的安全防护设施。

（5）坚持培训、交底制度的执行，包括岗前培训、安全专项培训、技术交底、操作规程交底、安全交底。

（6）不搞形式化，把应急演练及现场处置方案落到实处。

（7）建立完善的检查、整改制度。

（8）建立联防机制，协同海事、业主、监理、消防等部门共同监

护海上施工安全。

（9）把安全考核纳入项目绩效考核范畴内，制定奖罚措施。

2. 其他安全保障

（1）疫情防控。某项目正式进场时，正值新冠疫情时期，为确保项目正常开展，疫情防控工作正常有序，项目部提前筹划，购买了足够的防疫物资，日常工作生活中，严格按照当地政府及公司要求，做好防疫工作，未出现任何感染情况。本项目现场参建人员近600人，除因禁忌不能接种人员外，全部进行了疫苗接种，接种率达到100%。

（2）通讯。在项目施工前期，施工现场未建立通讯设施，通讯难度大，项目部提前采取措施，通过高频对讲机、卫星电话进行指挥，具备条件后，安装了微波通讯，确保现场与后方能够及时沟通。

（3）气象。为准确地掌握天气情况，项目部在筹备阶段与当地气象部门签订了气象预报服务协议，每天上午和下午各两次进行后续7天内的天气情况预报，确保项目部能够精准地判断天气走势，及时地进行船机调度。

（4）避风锚地。由于大型船机设备多，避风锚地需要进行提前筹划。在项目筹备阶段，项目部进行了实地考察，针对各种船机的特点，选择了三个避风锚地，确保了船机设备的避风需求。

（5）施工作业。海上风电项目主要为大型吊装施工，安全隐患较多，为确保施工生产安全有序进行，项目部按照“一机一方案、一机一交底”进行精细化管理，对各个危险源及防护措施进行逐一交底。针对各个季节的不同特点，安全管理重点进行及时调整，提前购买安全防护物资。同时，项目部组织各部门对各船机设备进行定期检查维护，确保从物的不安全状态、人的不安全行为、环境的不安全因素几个方案消除安全隐患。

第六节　取得成效

一、收益情况

项目部累计完成产值××万元（不含税），累计发生成本××万元，开累收益额为××万元，开累收益率为××%，超额完成了经济责任书签订的指标。本项目累计完成二次经营额××万元，二次经营率为××%。

二、所获荣誉

项目实施过程中，通过管理创新，项目部获得2项股份公司合理化建议奖、1项股份公司工法二等奖（广东省省部级工法）、8项国家知识产权局实用新型专利、1项国家知识产权局发明专利，2项集团公司优秀QC二等奖，1项集团公司优秀QC一等奖，具体情况如表5－3所示。

表5－3　科研创新成果表

序号	名称	类别	效果
1	提高钢管桩制作工序验收合格率	集团公司优秀QC二等奖	通过增加滚轮架宽度及喷枪气压，提高了钢管桩制作的合格率
2	海上风机塔筒转运	集团公司优秀QC一等奖	通过塔筒转运平衡梁的研制，提高了转运效率

续表

序号	名称	类别	效果
3	提高风机叶片组对施工效率	集团公司优秀 QC 二等奖	通过叶片穿甲板工艺，提高了组对效率
4	通用风机安装叶轮吊轮毂象腿工装改进	股份公司合理化建议三等奖	通过通用型轮毂象腿工装的研制，节约了成本，同时无需频繁更换，减少了焊接时间
5	海上风电大直径单桩翻身溜尾钳	股份公司合理化建议三等奖	通过使用翻身溜尾钳，提高了沉桩效率，降低了安全风险
6	一种塔筒吊装工具	实用新型专利	通过塔筒转运平衡梁的研制，提高了转运效率
7	底段塔筒运输工装	实用新型专利	通过立式运输工装，提高了倒驳效率
8	叶片安装吊架	实用新型专利	通过安装吊架，提高了叶片安装效率
9	一种轮毂的通用型象腿工装	实用新型专利	通过通用型轮毂象腿工装的研制，节约了成本，同时无需频繁更换，减少了焊接时间
10	海上风电叶轮组装设备及组装方法	实用新型专利	通过叶片穿甲板工艺，提高了组对效率
11	一种适合恶劣海洋环境的钢格栅固定钩	实用新型专利	加强了钢格栅之间的连接，减少了损坏
12	一种大直径钢管的防变形内部支架	实用新型专利	减少了塔筒运输过程中的变形
13	一种通用快速变径的塔筒运输工装	实用新型专利	加快了塔筒的装船运输效率
14	钢管桩的防溜桩板	实用新型专利	通过增加防溜桩板，有效地降低了溜桩风险

续表

序号	名称	类别	效果
15	外海大型风电机组运输与安装施工工法	广东省省部级工法（股份公司二等奖）	通过对运输船舶的合理选型、风机安装效率的研究、风电安装船插拔腿计算以及风电安装船拔桩系统的改进等，大大提高了风机安装效率

第七节　下一步研究方向

本项目下一步工作主要是做好现场收尾及结算工作，目前现场风机消缺验收闭合工作基本完成，仅剩余部分外加电流维修及油漆修补。同时，项目部正在积极地与业主办理竣工结算，最终结算初稿已报送业主，业主正在审核中。

第八节　小结

本项目投标前我方无海上风电项目施工经验，投标价格相较于同时期市场水平偏低，项目前期筹备阶段困难重重。项目进场后，由于“抢装潮”原因，致使海上风电项目前景扑朔迷离，项目进场后近3个月时间仅完成部分材料采购。为推动项目进展，项目部安排管理人员深入其他施工单位的现场学习汲取经验，迅速培养人才。在“抢装潮”影响愈发加大的情况下，沉桩施工市场资源紧缺，项目部克服万难自行组织沉桩施工船组，同时期进场两艘安装船进行风机安装，迅速打开了沉桩施工及风机安装施工局面。最终，项目提前近两个月完成全部主体施工任务，是整个风场第 1 个完成全部主体施工任务的施工单位。完成了某海域海上风电项目定额测定，为后续该海域海上风电项目施工积累了宝贵经验。

第六章　海上风电 EPC 项目成本控制措施

某风电项目经理部为切实强化项目责任成本管理水平，提升项目创效能力，根据股份公司相关文件精神和工作要求积极推进成本管理实验室工作。某项目作为集团公司第一个海上风电 EPC 项目，施工过程中受疫情反复及海上风电抢装潮的双重影响，项目履约压力及成本控制压力极大。结合本项目实际情况及海上风电项目的施工特点，项目部通过合理设计船舶配载方案，优化运输船舶选型等几项措施推动项目成本管理，截至目前已取得一定的成果，现介绍如下。

第一节　研究背景

一、项目概况

某项目主要施工内容为 51 台风电机组基础的采购安装施工，其中，6.2MW 单桩基础（非嵌岩）25 个，7.5MW 单桩基础（非嵌岩）26 个，工作内容（包括但不限于）为单桩基础及附属构件采购、加工制作、运输、施工及基础防冲刷等；51 套风机机组采购、海上运输及吊装施工，其中 25 套为中船海装 6.2MW 机型，26 套为东方电气 7.5MW 机型；一座海上升压站整体吊装施工。EPC 总承包合同总价 59.67 亿元，合同工期 365 天。

二、研究背景

某项目所在地庄河市为东北地区进口冷链供应第一登陆点，国外疫情防护措施不健全，受此影响造成庄河当地疫情反复，给项目的正常生产带来极大困扰。此外，2019 年 5 月国家发展改革委发布《关于完善风电上网电价政策的通知》（发改价格〔2019〕882 号），受此政策影响，国内海上风电项目为了实现 2021 年年底全容量并网的节点目标，形成“抢装潮”。

受“新冠疫情”反复及海上风电“抢装潮”双重影响，与海上风电产业相关的各个环节成本大幅上涨，导致钢管桩沉桩、风机吊装、钢管桩及附属构件运输、风机设备运输等专业船机设备供不应求，价格成倍增加，施工费用大幅上升。尤其是钢管桩及风机设备运输的运输船舶涨幅尤为明显，船舶租赁费是上年同期的 2－3 倍，风电市场出现运输船“一船难求”的局面，给项目成本控制及履约带来极大的压力。

第二节 研究目的

某项目为集团公司承揽的第一个 EPC 海上风电项目，其施工内容涉及风机设备采购、运输、吊装，桩基基础采购、加工制作、运输及施工、海上升压站运输、施工等整个风电施工的所有环节。海上风电项目为我集团开拓的新领域，此前没有 EPC 海上风电项目管理及施工方面的经验，根据本项目的特点，结合项目实际情况，旨在通过对本项目的管理实施，加强对海上风电项目的了解，最终形成一套可推广的海上风电项目管理施工的综合案例。

第三节　研究人员

为进一步抓好责任成本管理实验室建设工作，切实强化项目责任成本管理水平，提升项目创效能力，根据集团公司及分公司要求，大连庄河项目部成立了以项目经理为组长，分管副经理为副组长，各部门负责人为组员的责任成本管理实验室工作小组。

第四节　研究流程

1. 确定责任成本管理实验室的工作范围和研究内容。

2. 制订《中国铁建港航局集团有限公司某经理部责任成本管理实验室实施方案》，明确责任成本管理实验室工作要求及工作流程。

3. 优化责任成本管理实验室组织机构，完善管理体系。

4. 根据项目实施过程中面临的不同情况，分别研究制定工作方案，保证各项工作按照方案顺利推进。

5. 分析总结出一套可推广且具有操作性的海上风电项目责任成本管控措施。

第五节　主要做法

一、优化方案，降本增效

2021 年受海上风电“抢装潮”影响，运输船市场极为火热，市场出现一船难求的局面，很难找到档期适合、成本可控的施工船舶。面对如此不利局面，项目部发挥主观能动性，积极作为，通过采取合理设计船舶配载方案，优化套笼运输船舶选型，“以小替大”提高风电安装船施工效率，“一船多用”提高辅助船舶利用率等几项重要措施，降低项目施工船舶成本，为项目创效提供支持，取得了一定的成果。

某项目工期紧、任务重，钢管桩运输、沉桩，套笼运输、安装，风机设备运输、安装等多个作业面同时施工，海上施工船舶数量多，施工组织难度高。结合项目实际情况，通过合理设计船舶配载方案，优化套笼运输船舶选型，“以小替大”提高风电安装船施工效率，“一船多用”提高辅助船舶利用率等几个方面推动项目成本管理工作，降低项目各项成本，达到提高项目盈利能力和经济效益的目的，主要船机资源配置如表 6－1 所示。

表 6－1　　项目主要作业面资源配置

序号	工作面	资源配置	单位	数量	备注
一	钢管桩沉桩	沉桩船组	组	1	
		钢管桩运输船	艘	5	

续表

序号	工作面	资源配置	单位	数量	备注
二	套笼安装	铁建桩 01	艘	1	
		定位驳	艘	1	
		锚艇	艘	1	
		拖轮	艘	1	
		套笼运输船	艘	2	
三	风机安装	中船海工 101	艘	1	
		定位驳	艘	1	
		锚艇	艘	1	
		拖轮	艘	1	
		叶片运输船	艘	2	
		塔筒、机舱、轮毂运输船	艘	2	
四	海上升压站安装	上部组块运输船	艘	1	
		下部导管架运输船	艘	1	
五	辅助施工	交通船	艘	2	
		运维船	艘	1	

该船机资源配置基本可以满足本项目的施工需求，项目在施工过程中根据施工需求，动态调配船机资源，保证各个工作面高效、有序作业。

1. 合理设计船舶配载方案

本项目塔筒、机舱、轮毂、叶片等风机设备供应主要来源有两个，东方电气的风机设备采用机位交货，由设备供应商负责运输；中船海装的风机设备采用码头船板交货方式，由项目部负责将风机设备从庄河港码头运输至机位，进行风机安装。受海况、天气及庄河港码头出运条件等因素影响，风机设备的供应是制约风机安装进度的决定性因素，同时也影响着风机安装的整体成本。

受海上风电“抢装潮”影响，钢管桩及风机设备运输的船舶尤为稀缺，项目部发动全员及公司的整体力量去寻找可利用的运输驳，以某项目为例，对于风机设备的运输施工，具体措施如下：

（1）确定船舶选型。本项目主要由项目部负责运输的风机设备为 25 套海装 6.2MW 风电机组设备，根据海装 6.2MW 风电机组设备的相关参数，在确保安全、经济的条件下选择适当的运输驳。

根据 6.2MW 风电机组设备参数，同时考虑施工顺序及风机安装工艺，风机设备中的机舱、轮毂和塔筒必须同船运输，可有效利用的甲板尺寸至少要大于 16m×80m，运输设备高度最高的构件为顶段塔筒，该段塔筒的高度为 35m，为了保证运输的安全性，消除大型构件对驾驶视线的阻碍，运输塔筒的驳船应为前驾甲板驳，且前驾甲板驳的甲板有效利用面积比后驾大；三支叶片同船运输，可利用的有效甲板尺寸要大于 16m×85m。

（2）确定船舶使用周期及数量。本项目 51 台风机安装施工，施工时间为 2021 年 5 月 1 日至 2021 年 12 月 20 日，风机设备运输船舶使用周期为 8 个月；为了确保风机安装不断货，要保证一套风机设备随时备在海上本项目配备两艘机舱、轮毂和塔筒运输船及叶片运输船。

（3）优化船舶选型方案。根据前期的施工部署，在考虑经济及安全的情况下，运输机舱、轮毂和塔筒的运输船应为前驾甲板驳。同等载重量的前驾甲板驳租赁费是后驾甲板驳的 1.5－2 倍，特别是受抢装潮影响，前驾甲板驳租赁费大幅上涨，且很难找到合适档期的甲板驳。

因此项目部研判当前形势，通过对机舱、轮毂和塔筒尺寸及重量的考虑，优化了装船的配载方案，最终选用后驾甲板驳进行机舱、轮毂和塔筒的运输。将立式运输阻碍驾驶室视线的塔筒进行偏侧放置，将高度较低的机舱和轮毂放在另一侧，在保证船体平稳的前提下，避免高度较高的塔筒阻挡驾驶视线。

（4）方案优化带来的经济效益。根据市场变化，项目部对机舱、轮毂和塔筒的运输方案进行了优化，重新确定了运输驳的船型，有效地降低了运输成本。

2. 优化套笼运输船舶选型

为了保证本项目的工期，本项目共选用了4家钢管桩及套笼加工制作单位，两家位于江苏南通，一家位于河北曹妃甸，一家位于青岛。本项目套笼运输部分由各厂家组织船舶运输，部分由项目部组织运输船运输，保证套笼及时到场安装，避免耽误风机安装作业。

（1）确定船舶选型。考虑到各套笼加工厂家地处不同海域，且各厂家的泊位水深不同，为了能同时满足各厂家的靠泊条件，需要租用一艘5000t甲板驳运输套笼，每次运输四套，以保证施工现场套笼及时供应。

（2）确定船舶使用周期。本项目51个单桩基础施工，施工时间为2021年4月10日至2021年11月10日，风机设备运输船舶使用周期为6个月。

（3）优化套笼运输船舶选型。本项目用于钢管桩、风机设备、套笼及零星物资运输的船舶众多。在构件运输过程中，项目部视海况、构件尺寸及施工工序的不同，动态管理运输船舶，将原计划运输套笼的5000t甲板驳用于运输钢管桩，同时夹带小型构件的运输，提高甲板驳的利用率；将原计划运输小型构件的1000t运输驳用于运输套笼，节省一艘运输小型构件的1000t甲板驳。

（4）方案优化带来的经济效益。通过动态调整运输船舶，提高运输驳的利用率，在使用功能不变，不影响施工效率的前提下，用大船夹带运输小型构件，减少一艘运输船，节省了船舶的使用成本。

3. “以小替大”提高风电安装船施工效率

根据本项目的施工工序，钢管桩外套笼安装完成后，才能进行风机设备的安装。常规的施工工艺都是采用起重船吊装套笼或者使用风电安装船吊装套笼，然后再进行风机设备的安装。

由于施工期间市场上起重船资源极为紧缺，且租赁价格极高。为了解决此问题，项目部采用风电安装船进行套笼安装，风电安装船从安装套笼到风机设备安装完成有效工作时间约为 30 小时（不含移船定位时间），其中安装套笼需要消耗 2.5 小时。根据风机安装操作手册要求，当风力超过 6 级风就不能进行风机安装作业，风机安装窗口期极为有限。考虑到上述因素，项目部决定使用集团自有的“铁建桩 01”来安装套笼，节省风电安装船安装套笼的时间，提高风电安装船作业效率。

通过使用“铁建桩 01”代替风电安装船的施工方案，不仅解决了无起重船资源的问题，还充分利用了集团自有设备，提高了风电安装船作业效率，降低了施工成本。“铁建桩 01”采用月租的形式，进行本项目套笼安装，租期为 4 个月，安装套笼 38 套，安装风机 38 台。通过本次方案优化，节省 2.5 小时风电安装船的作业时间，不仅有效地降低了风电安装船的使用成本，还为风电安装船争取到 2.5 小时的窗口期，充分利用了施工窗口期，大大提高了风电安装船的使用效率。

4. “一船多用”提高辅助船舶利用率

由于本项目是在外海施工，海上吊装作业受波浪影响较大，为了给运输驳创造一个平稳的吊装环境，本项目“中船海工 101”风电安装船和“铁建桩 01”套笼安装船都需要配备一艘定位驳、一艘锚艇和一艘拖轮，进行辅助施工。

（1）采取的措施。由于市场上船舶资源极为紧缺，短时间内很难找到合适的拖轮和定位驳，加之考虑到项目施工成本问题。项目部合理优化施工顺序，科学组织。“中船海工 101”风电安装船“叶轮吊装及验收”有近 7 个小时的空档期，此阶段不需要定位驳、锚艇和拖轮辅助施工。项目部充分利用此空档期将用于辅助“中船海工 101”风电安装船施工的定位驳、锚艇和拖轮调遣用于“铁建桩 01”辅助套笼安装施工。

（2）方案优化取得的成果。根据传统做法，为了满足施工需要，“中船海工 101”风电安装船“和“铁建桩 01”正常施工至少各需要一组定位驳、锚艇和拖轮辅助施工。为解决施工船组不足的局面，降低项目部船机使用成本，同时减轻项目管理施工船舶的难度，采用一个辅助船组同时满足两个吊装船的施工方案，降低了项目的施工成本。

通过上述四项措施，大幅节约了船机费用，极大地缓解了本项目的成本压力。此外，通过本项目的顺利履约，项目部向业主提出调增钢管桩沉桩及风机安装施工价格的诉求。双方通过多轮的友好协商，业主同意对本项目合同额进行调增，用以补偿增加的船舶成本。

二、真抓实干，注重履约

确保整个项目在约定日期具备全容量并网发电条件，是项目成本管理的核心任务。为了完成该项任务，在集团公司和新能源分公司领导的帮助下，全集团齐心协力、精心组织、科学管理，面对困难勇于担当，最终于约定日期前实现全容量并网，本项目顺利履约。

同等规模和条件的海上风电项目施工工期通常需要 18 个月以上，该项目成功实现了“当年决策、当年开工、当年全容量并网”的目标。项目整体投产后，预计年上网电量约 9.6 亿千瓦时，可满足 96 万户家庭年用电需求。与同等规模的燃煤发电厂相比，每年可节约标煤 30.8 万吨，减少污染物排放 66.3 万吨。对促进当地能源结构转型升级，推进辽宁“百万千瓦级”海上风电基地建设，加快实现“双碳”目标具有重要意义。此外，本项目的顺利履约，也奠定了集团公司在北方市场的领导地位。

三、科学组织，快速高效

某项目自 2021 年 5 月份进场，至 2021 年 12 月 20 日整体完工，历时 7 个多月，总共完成了 51 根单桩基础施工，51 台风机安装施工和 1 台海上升压站的吊装施工。通过对整个施工过程的统计，总结出了北黄海地区海上风电单桩施工和风机安装施工的工效。

1. 单桩施工

本项目钢管桩沉桩于 7 月 1 日开始施工，11 月 28 日沉桩结束，共计 51 根。项目部先后创造了“5 天 4 根桩”“单月 15 根沉桩”的施工记录，通过对 51 根钢管桩有效工作时间的统计，本项目钢管桩沉桩的平均有效时间为 27 小时，各施工阶段施工时间如表 6－2 所示。

表 6－2　　单桩沉桩时间表

工序	打桩船组移船定位	单桩起吊、自沉	沉桩	验收及收尾	打桩船组起锚	整个机位施工
平均耗时（h）	10	5	3	5	4	27

2. 风机安装

本项目风机安装工程于 7 月 6 日开始施工，12 月 20 日安装结束，共计 51 台。为确保风机安装进度，项目部优化施工工艺，不断总结安装经验，大胆进行技术创新，深度挖掘平台船安装效率，在 2021 年 8 月“中船海工 101”船组单月完成 12 台风机安装作业，一举刷新北方海域作业记录。

通过对 51 台风机安装的有效工作时间的统计，本项目风机安装的最快速度为 40 小时，平均有效施工时间为 49 小时，各施工阶段施工时间如表 6－3 所示。

表 6 - 3　　风机安装时间表

工序	移船、定位、准备工作	塔筒及机舱吊装	叶轮组装及验收	叶轮吊装	验收及收尾	合计
平均耗时（h）	8	12	9	10	10	49

四、科学管理，提质创效

在海上风电抢装潮的大背景下，通过科学、合理调配船机资源，紧紧围绕“千方百计不停船”的工作思路组织生产建设，成功克服建设规模大、项目工期紧、协调范围广、施工条件复杂等不利因素，打破“一机难求、一船难求”的困难局面，紧紧抓住小窗口期组织吊装作业，顺利实现单船单月完成包括 7.5 兆瓦、6.2 兆瓦、5 兆瓦在内的 2 家厂家 3 种不同机型共 12 台风机的安装任务，一举刷新国内北方海上风机安装的最快纪录，为北方海上风电树立了行业标杆。此外，在 5 月份运输资源紧张的情况下，项目部积极组织、合理调配运输资源，实现 5 天沉放 4 根钢管桩的壮举；在 8 月份窗口期有限的情况下，单月完成 15 根钢管桩的沉桩施工，体现了铁建的打桩速度。

第六节　取得成效

一、收益情况

项目部累计完成产值××万元（不含税），实现利润××万元；收益率××%，与责任预算目标××%相比，超出××万元，超责任目标××%。

二、取得的荣誉

本项目在施工过程开展了“海上风电超长大直径变截面钢管桩”与“海上风电升压站成套施工”关键技术的科研课题研究，形成多项高质量科研成果，并在本项目及其他风场得到广泛应用。本项目共计获得国家知识产权局受理专利 24 项，其中发明专利 10 项，实用新型专利 14 项。为解决大直径钢管桩沉桩施工和升压站水下群桩基础施工关键技术的重难点问题，本项目通过对施工工法和关键技术的不断改进，满足了风机基础及风机安装施工要求，经过中国铁建股份公司组织召开的工法关键技术评审会评审，本工程申报的工法关键技术中，获得 1 项国际领先，3 项国际先进，2 项国内先进的鉴定结论。通过对本项目的实施，项目部先后获得 2020 年度中国铁建股份有限公司“重点工程项目劳动竞赛先进单位”、2021 年度中国铁建股份有限公司“劳动竞赛综合优胜单位”、2021 年度中华全国铁路总工会“火车头奖杯”等荣誉称号。

第七节　下一步研究方向

一、做好收尾工作，实现项目创效

本项目目前正处在收尾阶段，项目的主要工作内容为风机设备安装的消缺工作及风机机组 240h 试运行的准备工作。为了保证项目顺利进行竣工验收，项目收尾工作主要内容为：

1. 制定项目收尾策划方案，整合现场资源，调整管理组织架构，优化现场管理，减少项目收尾阶段的管理成本。

2. 尽快组织人员、船舶、物资进行风机消缺工作，保证项目尽早进入风机机组 240h 试运行阶段。

3. 在保证消缺工作顺利进行的情况下，及时清退其余辅助船舶，节约项目船舶使用成本。

4. 主动联系分包单位、设备租赁单位及供应商，组织工程部、合约部及其他相关部门，及时办理分包完工结算，锁定项目分包成本。

5. 安排专人负责掌握资料编制和归档要求，完善所有施工资料，做好完工交工验收准备，最大限度避免后期因资料问题带来的审减风险。

6. 加强与业主的沟通，锁定项目合同收入。

二、做好合规工作，预防审计风险

本项目在施工期间受市场变化的影响，船舶租赁成本较往年同期有大幅度的上涨。项目部在招议标前期，充分做好市场调研，严控开标指导价。在招议标过程中，严格按照集团公司设备管理相关办法进行招议标工作，规范招议标流程。每一次招标结果都进行项目部、分公司、集团公司三级审批，严格控制分包成本，确保整个招议标过程合法、合规。

后期本项目的主要工作是安排专人对整个项目的分包、设备招议标工作进行梳理；严抓结算工作，保证每一个环节都做到有据可查。做好整个项目的合规管理工作，规避审计风险。

三、立足东北地区，做好属地经营

本项目特殊的地理位置，对于集团公司扩大东北地区新能源业务，具有重要的战略意义。通过对本项目的正常履约，项目部将进一步提高管理水平，实现项目全面创优，依托在建项目，践行属地经营理念，以干促揽，促进滚动经营，为集团公司在东北地区的新能源领域开疆拓土，打下坚实的基础。

第八节　小结

本项目在实施过程中，面临“抢装潮”和“新冠疫情”双重考验，在此情况下，项目部及公司领导充分发挥港航局在水工方面的资源优势，通过掌握的船舶资源渠道，果断决策，在“抢装潮”初期就锁定了部分船机设备，保证了项目正常有序的开展。同时通过对现有船舶的调配，有效地控制了项目成本。通过对本项目的实施，总结出了北黄海地区海上风电项目关键工序的施工经验，为后续该海域海上风电项目施工提供了技术支持。

下 篇

责任成本管理实验室成果汇编

第七章　某工程总承包项目成本管控八项措施

为打造“品质铁建”，认真贯彻落实“1234 +”工程项目管理思路，深入推进责任成本管理工作，促进项目创效水平不断提升。集团公司以某项目为试点，成立责任成本实验室领导小组和工作小组，制定工作方案，开展责任成本管理实验室建设。积极探索和践行“细分管理、精准控制”理念，深化开展责任成本实验室活动，不断提升责任成本管理工作能力及创效水平。

第一节　研究背景

一、项目概况

某工程为施工总承包项目，主要施工内容为5条市政道路，设计总长4.2km，合同工期717天，合同总额2.57亿元。本项目专业结构齐全，施工环境复杂，征地拆迁困难，地质状况较差，地下管线较多，作业面分散，交通干扰大，在城市市政道路工程中具有一定代表性。

二、研究背景

加强项目成本管理是建立资源节约型社会的需要，是实施可持续发展战略的需要，是增加企业利润，增强企业竞争力的需要。而现阶段成本管理过程中普遍存在重结果、轻过程的问题。造成管理人员成本管理意识不强，成本管理职责不清晰，施工方案不经济，成本管理手段不全面。开展责任成本管理实验室建设工作，强化项目成本管控，树立全员全过程成本管理意识，立足创优创效，是增强企业竞争力，确保企业长远发展的需要。

第二节　研究目的

某项目作为一体化区域首个项目，根据项目自身特点，通过收集汇总项目投标阶段到标后实施阶段责任成本管理过程中存在的问题及好的做法，进行分析总结，为区域内后续项目积累责任成本管理经验，提升区域内项目的责任成本管控能力，提高项目盈利水平。

第三节　研究人员

为进一步抓好责任成本管理实验室建设工作，某公司成立了以分管领导为组长，经济法务部部长为副组长的责任成本管理实验室领导小组，项目部成立了以项目经理为组长，分管领导为副组长的责任成本管理实验室工作小组。

第四节　研究流程

1. 确定施工总承包项目从标前阶段到施工阶段成本管控要点和内容。

2. 收集各关键环节成本管控过程中的经验和教训，进行深入分析总结。

3. 总结提炼出一套可推广、可复制的市政工程总承包项目成本管理案例。

第五节　主要做法

根据市政工程的特点，结合项目实际情况，从标前策划、成本预控、方案优化、分包招标、物资管理、成本核算分析、设计变更、技术研发八个方面采取措施，降低项目各项成本，达到提高项目盈利能力和经济效益的目的。

一、加强标前策划，奠定项目创效基础

本项目为限价招标，如何报价将会影响项目实施过程中的二次经营

效益。项目管理团队主要人员提前介入，在投标阶段配合经验丰富的投标工作小组，详细分析招标文件、合同条款、工程量清单计价规则，并结合现场调查情况及设计图复核情况，从图纸完整性、方案可实施性、征拆难易性、清单和施工图工程量差异性等方面对各项变更可能性进行充分预判和策划，并根据策划结果进行充分的不平衡报价。具体措施如下：

1. 审核图纸完整性

经过详细审图，发现照明工程、交通工程设计图不全，设备参数和技术标准与当地要求不一致，后期可通过与管养单位积极沟通，根据管养单位的审图意见进行变更后重新定价，因此在投标报价过程中降低报价。

2. 评估方案可实施性

由于项目周边施工环境复杂，部分道路边线侵入周边企业用地红线，软基处理方案和基坑开挖方式严重影响到周边建筑物安全，项目部管理人员和投标工作组根据设计方案特点和周边建筑物情况，对设计方案的可实施性进行充分的讨论，根据讨论结果对报价方案进行调整。

宝和路小里程段和育欣路设计采用真空联合堆载预压施工，该施工方案会造成施工周边建筑物沉降，安全隐患巨大，且该路基段两侧的力合环保污水处理厂、振业拌合站、爱婴岛商业地产（在建）均无法拆迁，该地基软基处理方式设计方案无法实施，项目实施阶段必定会发生变更，根据变更处理方式，变更方向最大的可能性为水泥搅拌桩。故在投标报价过程中应提高水泥搅拌桩报价，降低真空预压投标报价。

真空预压方案调整为水泥搅拌桩方案后，碎石垫层、石屑垫层、外购土、土方开挖及回填等相关工程量将大幅增加，与真空预压有关的塑料排水板、粉细砂保护层、堆载预压土方工程量会大幅降低，因此在报价过程中对相关子目报价进行调整。

3. 分析征拆可行性

道路边线大量占用周边企业红线用地，如按图实施必须大量征用周边企业用地，拆除企业在用厂房及建筑，征地拆迁难度大，后期可能因为征地拆迁无法推进而对道路边线进行调整，通过对市政工程特点进行分析，如果调整道路边线，为保证道路的功能性，首先可能会取消的工程为绿化带，其次为非机动车道或人行道。管网工程因其功能特殊性，不可能会取消。在投标报价过程中针对现场可能发生的情况，对相关报价进行调整。

4. 对比清单和施工图工程量差异性

对施工图纸进行详细审核，并根据复核后的施工图工程量，与招标清单工程量进行对比，找出存在量差的清单子目，经复核，线缆管廊支架、外购土方、花岗岩路缘石、碎石垫层、PHC 管桩等 15 项清单工程量与施工图复核工程量偏差较大，投标报价过程中根据造价影响大小对其报价进行调整（如表 7 - 1 所示）。

表 7 - 1　　不平衡报价情况与变更情况汇总表

序号	项目名称	计量单位	招标清单数量	报价策略	单价调整率	变更数量	备注
1	外购土方	m^3	33016	调增	21%	30000	
2	真空预压（6 个月）	m^2	48236	调减	-31%	-33191	
3	塑料排水板	m	1036338	调减	-28%	-690317	
4	水泥搅拌桩	m	27525	调增	21%	160000	
5	碎石	m^3	25328	调增	7%	5632	
6	绿化	万元/项	—	调减	-30%	-70	

二、制定预控方案，明确成本管控方向

项目中标后，为保证成本管控有序进行，制定了成本预控方案。预

控方案从分包策划、责任预算、效益策划等方面进行详细策划，明确项目部成本管控方向。

1. 劳务分包为主，专业分包为辅

分包策划遵照“经济高效、科学制衡、合同规范、管控有力”的原则；按照合理延伸工序、优化承包内容、减少交叉施工、成本最优的原则；以劳务分包为主、专业分包为辅、特殊项目限价招标；有利于项目分包管控的同时将分包效益最大化。

软基处理、雨污水工程、土石方工程、附属工程等采用工序分离、工费承包、限额供料、代付费用的劳务承包模式，辅助材料及施工设备由分包队提供，减少项目部管理环节，锁定成本。

绿化工程、安监工程、交通工程、电子警察工程、路面工程等专业性较强、材料及设备种类多、施工工点分散，项目部在以上专业工程中技术能力和管理能力有限，择优选择技术实力强、地方资源丰富、与地方接收部门关系良好的专业分包队伍，由队伍负责材料采购、送检、现场施工、竣工移交。在确保施工质量和竣工后顺利移交的同时，保证项目部收益。

管线迁改收入不确定，需另外设计、上报概算及预算，经财政局审批预算后结算，因此管线迁改采用专业分包的模式，依据财局审批工程量及价格下浮率结算，招标过程中采用限价招标，确保项目部目标效益。

2. 责任预算分层加压，提高效益指标

为加强项目部成本管控能力，提升成本管控水平，提高创效目标。项目部根据实际情况编制了责任预算，通过深入挖掘创效点，提高项目部成本管控指标，确定内控目标综合收益率。

3. 分析盈亏点，明确设计变更方向

通过现场调查及成本测算分析后发现，本项目主要盈利点为 PHC

管桩、级配碎石垫层、水泥搅拌桩、回填石屑等子目，主要非盈利点和亏损点为真空预压、绿化工程、交安工程等，根据项目盈亏情况，通过设计变更，有针对性地扩大盈利项目工程量，减少亏损项目工程量。

项目新建道路基坑开挖原设计为放坡开挖，而新建道路位于已建成的高层小区周边，道路边线进入周边小区和企业围墙内部，侵入小区红线，小区仅靠临时便道出行，施工过程中需保证小区人员、车辆正常出行，需采取分阶段施工。小区及周边企业征拆困难、工期延误风险高、交通疏导难度大、施工安全风险高、额外投入安全防护措施费高，后期面临巨额索赔风险高、社会舆论风险高；可从周边小区及企业征地拆迁困难及舆论、诉求、安全风险着手，以保护道路周边小区和企业的人身财产安全为由，将基坑放坡开挖方式变更为支护下开挖，增加拉森钢板桩施工工程量。

PHC 管桩桩帽之间间距 1.5m 的地方设计为回填土，该工艺施工困难，利润低，无法保证路基填筑质量，可通过设计变更，将回填土变更为回填石屑，增加回填石屑工程量。

真空预压、绿化工程、交安工程等可根据投标期间的埋伏，利用征拆难、设计方案无法实施、设计标准无法满足地方要求等理由，通过设计变更，减少亏损项目施工。

三、优化施工方案，提高工效减少投入

项目部主要从缩短工期、减少投入、优化工序、降低材料消耗等方向进行现场施工方案的优化，达到降本增效的目的。

1. 全力推进征拆、缩短工期

针对本项目拆迁难、拆迁量大等特点，项目部成立征地拆迁领导小组，项目经理亲自挂帅，抽调技术骨干做好征地拆迁测量放线、建筑物

摸排、征地拆迁方案编制等工作，汇总形成征地拆迁整体平面图及进度台账，每周更新一次，及时与各参建单位沟通汇报。在政府征地拆迁未解决的情况下，项目部主动出击，改变坐、等、靠、要的思想，同项目周边企业及居民建立并维持好关系，在政府征地拆迁未解决的情况下，部分企业和居民同意项目部先行进入红线范围组织施工，缩短因征地拆迁问题导致的工期延误。

2. 优化临建配置、减少投入

临建工程部分严格按照“有方案、有设计、有预算、有合同、有验收、有结算”的“六有”原则进行成本控制，优化临电配置。项目现场施工用电量不大，但工点分散，新装变压器会造成项目资金严重浪费。经调查，项目部施工范围周边存在多台企业的变压器，且用电余量较大，为节约资金，项目部决定直接接入周边企业变压器用电，经与周边企业友好沟通，减少两台变压器及配套设施的修建。

3. 优化设计方案、降低材料消耗

原设计中雨水渠垫层及 PHC 管桩桩帽分开设计，项目部优化工艺，在雨水渠下方布置一排 PHC 管桩，将雨水渠垫层与 PHC 管桩桩帽相结合，在提高施工效率的同时，减少了垫层混凝土投入。

设计图纸中 PHC 管桩的桩顶标高均为 1m，而雨污水管涵的开挖底标高低于 PHC 管桩设计桩顶标高，为防止材料浪费，项目部结合二者的标高对 PHC 管桩的送桩深度进行调整，在优化工艺的同时，减少了截桩量。

根据原定施工方案，项目部将弃土弃至洪湾北片区，但是由于片区征地未解决，无法弃土，而周边商业弃土场运距较远，弃土费昂贵。为解决项目部生产需求，降低弃土成本，项目部将周边拥有大量粉细砂的国有闲置用地临时征用，将原地块表层粉细砂挖除作为项目部真空预压施工保护层材料填筑，并将弃土填筑置换，在减少弃土外运的同时，减少了外部材料采购。

四、抓好分包招标，严格控制分包成本

项目部成立招议标领导小组及工作小组、分包控制价测算小组；根据已批复的分包策划，在施工过程中按照施工进度需要，合理安排各分包项目招标时间，并从招标前、开标前、开标后三个阶段切实抓好分包招标。在为项目现场施工生产提供优秀的分包队伍的同时，将分包成本控制最优化。

招标前，项目部选择劳务分包商按照“先准入，后录用”的原则，从股份公司、集团公司的合格分包商名录中筛选。对于新增分包商，项目部先负责审查其营业执照、资质证书、安全生产许可证以及类似工程业绩，满足要求后，填报新增分包商资格审查表，报上级单位审批后方可参加投标。确保黑名单队伍不参加投标，陌生的队伍经调查满足要求后参加投标，优秀的队伍邀请参加投标。另外，项目部将工程量清单进行工序分解，根据工序拟定分包工程量清单，明确工作内容和费用内容以及甲供材消耗系数，方便项目部限额供料和核算分析。

开标前，充分调查周边项目同类分包成本单价，做到心中有底，同时在开标前半小时，由测算小组共同讨论确认分包控制价，严控分包成本，原则上合同签约价不允许超过分包控制价。开标过程中邀请上级领导现场指导督查。开标选择内部开标形式，根据投标报价、施工组织设计及商务等进行综合评标，经过招标工作小组讨论，督导小组的确认，最终确定中标候选人名单。

开标后，组织入围的前三家单位进行澄清，组织招议标工作人员对初次合作单位的现有施工现场从安全文明施工、施工能力、外观质量、资金实力、履约风险等方面进行实地考察，并形成书面考察报告，工作

小组结合考察结果和评标情况，形成书面评标报告，报领导小组上会讨论，集体决策后确定拟中标队伍，上报上级单位批准后选用。

项目部通过加强分包招标管控，锁定分包效益，为项目节约分包成本379万元，节支率6%，具体情况如表7－2所示。

表7－2　　招标节支率统计表

序号	合同名称	节支率
1	PHC管桩	4%
2	真空联合堆载预压工程	3%
3	水泥搅拌桩工程	2%
4	基坑支护工程	14%
5	道路工程及海绵城市	3%
6	线缆管廊及预留沟工程	8%
7	强电管线临时迁改工程设计施工	5%
8	弱电管线迁改工程设计施工	6%
9	路面沥青工程	9%
10	路面水稳工程	1%
11	照明工程	2%
12	安监、电子警察工程	9%
13	信号灯、标志标线工程	3%
合计		6%

五、抓好物资管理，降低材料消耗成本

项目部物资管理工作坚持“采管分离”原则，价格上灵活调差应对单价波动；数量上落实磅秤监控制度，同时有效利用现有资源节约材料采购，降低项目材料成本。

1. 集团集采，灵活设置调差

在材料采购方面，超过30万元的物资采购均通过集团公司规模化

集中采购；其他小额物资，通过市场询议价、网络上询比价等方式进行价格比选等，从而选择适合的供应商，以降低材料的采购成本。另外，考虑到混凝土、钢材、水泥等材料在当地价格波动较大，对此类材料招标时，按招标的时间段和材料价格波动情况设置不同的调差系数。

2. 磅称收料，杜绝外部损耗

按传统做法，拌合站混凝土以发料单数量进行收方，实际进场数量无法保证。为防止混凝土进场前损耗，采用双控原则进行结算，即过磅数量及发料单数量相结合，进行两量对比确定最优值，杜绝混凝土进场前损耗。拌合站共发货各类混凝土 5439m^3，项目部通过过磅收方 5273m^3，节约 166m^3。

3. 就地取材，现场加工利用

现场存在大量混凝土路面破除废料，项目部将破除后的混凝土块进行加工，作为沟槽石屑及碎石垫层回填料，节约碎石及石屑采购量。同时通过采购周边拌合站沉积后的洗车料，与石屑拌合填筑，在保证石屑填筑后迅速固结，防止雨季雨水浸泡的同时，利用低价值材料替换高价值材料，节约材料采购成本。

六、强化核算分析，查缺补漏取得成效

项目部成立责任成本领导小组，每月召开一次经济活动分析会议，将劳务成本和材料成本分析深入单项工序，对节超点、节超原因、是否存在返工损失和非生产性用工等；材料限额领料情况、超额领料原因、超额领料部分扣款执行情况等进行详细分析；对机械配置合理性、台班产量、油料消耗、维修次数等进行单机分析；对项目部人员工资、招待费、办公用品费、差旅费等方面支出情况和当月成本开支水平进行分类展开分析。另外，对各项成本每季度占比和累计波动情况进行详细对比

分析，并对未来收入和成本进行测算。对各项成本偏差及其原因形成书面文件报责任成本领导小组，并组织召开分析会。从工程的完成情况、方案优化、劳务成本、材料成本、机械设备成本、临时工程成本、管理费用节超及有关工期、安全、质量等方面充分掌握项目部整体经济运行情况，并采取措施及时纠偏，同时对下一步工作提出合理的建议及调整，确保项目部整体经济运行良性发展。

七、主动设计变更，实现项目开源节流

由于本项目在投标报价过程中针对可能发生的变更方向进行了不平衡报价，项目实施过程中如何将项目部施工生产中的制约因素变成设计中的有利因素，实现投标报价中的变更埋伏，将成为本项目降本增效的关键一环。项目部针对不平衡报价开展方案先行，让方案充分服务造价，遵循先算后干、边干边算的原则。利用征地拆迁难、设计不够深入、部分设计方案无法实施、地勘报告与实际地质不符等因素，变困难为机遇，将设计变更与成本控制相结合，通过设计变更，变被动为主动，实现开源节流。具体情况如下：

1. 变更软基处理方式

因现场实际地质与地勘资料差异较大，为避免基坑开挖对周边建筑物产生影响，同时降低施工安全防护及防排水措施费投入，规避企业对项目部的索赔风险，项目部按照投标时的埋伏，积极推进，变被动为主动，将真空联合堆载预压及部分 PHC 管桩软基处理工艺优化为水泥搅拌桩工艺。变更增加水泥搅拌桩 19 万 m、回填石屑 9500m^3、回填碎石 2300m^3、外购土方 17000m^3、路面混凝土破碎 50000m^3。

2. 变更交安工程标准

原设计图的交安工程未经交警部门审核，设计指标与地方要求不

符，且该分部工程存在潜亏，经与交警部门积极沟通后出具审图意见，将标志标牌尺寸、路灯控制器设备型号、反光膜等级、标志标线技术要求等按当地最新要求全部更新设计后重新定价，扭亏为盈。

3. 变更道路红线位置

项目部以道路边线占用企业用地红线短时间内无法拆迁严重影响施工工期为由，将人行道外侧绿化工程全部取消，降低征拆难度，在节约工期的同时，实现减亏，达到降本增效的目的。

4. 变更 PHC 管桩桩长

原施工图纸中，PHC 管桩施工长度为平均桩长，设计单桩特征值为 520kN。现场通过试桩发现实际地质情况与原地勘报告之间存在较大差异，部分管桩施工至设计标高后，终压荷载无法满足设计要求。针对上述情况，项目部积极推进五方会议，会议明确采用桩长及油压表读数双重控制桩长。现场施工过程中，按照实际油压表读数控制施工桩长，如超出设计平均桩长，及时上报变更联系单增加桩长。

5. 变更基坑开挖方式

因本项目周边建筑物较多，涉及成型小区、在建商业地产和生产厂房，征拆困难，依据原设计图纸要求，道路开挖时应采用明挖放坡施工，不仅严重制约项目施工工期，而且严重影响周边建筑物的安全，如按原设计施工需额外投入巨大的安全防护措施费及防排水措施费，并面临巨额索赔风险和社会舆论压力。项目部变不利为有利，做好周边小区和各企业工作后，联合周边小区和各企业向建设单位去函，要求其变更开挖支护方案，将沿线涉及的 21 家企业周边基坑放坡开挖方案变更为“钢板桩 + 型钢”支护的开挖方案，增加钢板桩支护 7211t，增加型钢支护 1411t。在降低企业巨额索赔风险的同时，实现了降本增效的目的。

6. 变更增加通信工程

线缆管廊中的通信管道及通信过路排管属合同外范围，由业主单位另行招标确认施工方，施工过程中需等通信管道预埋完成后再进行路面及管廊盖板施工。经测算，通信管道及通信过路排管利润空间可观且业主未进行招标；项目部及时调整施工工序，先行施工部分路面工程及管廊盖板后，以影响现场进度及后期无法施工为由提出申请。通过设计变更将通信工程纳入本项目施工范围，重新签订补充协议。

7. 预判风险变被动为主动

变更增加型钢打拔深度超过30m，属于新增单价，而《广东省市政工程综合定额2018》中，针对超深型钢施工没有工艺完全相同或十分类似定额可直接套用，反而其打拔槽型钢板桩定额词条定义与项目部变更增加型钢词条定义一致，定额基价仅630.5元/吨，且无打拔深度界定，与项目部计划择选定额液压振动锤打拔超深拉森钢板桩定额基价2168.7元/吨相差1538元/吨。项目部在该定额择选对项目部预算编制极为不利情况下，预判风险，超前谋划，抓住该定额子目采用斗容量为$1m^3$挖掘机施工无法完成较深的型钢打拔工作的关键要素，从专项施工方案入手，从关键设备选型、材料选用等方面均与最有利于造价的计划择选定额保持一致或高于定额标准，专项施工方案及时向监理及建设单位报审并签字盖章确认。施工前，从施工日志及材料设备进出场报验入手，关键设备型号及材料规格，均与专项施工方案保持一致，组织各方进行现场确认，留下影像资料及时归档；施工过程中，及时签认，打拔深度、间距与专项施工方案和设计方案保持一致，随时留好影像资料及时归档。预算编制期间，项目部与建设方存在较大定额择选争议，建设方以就低不就高原则进行预算编制，项目部沉着应对，将双方定额择选争议经双方签字盖章确认后，通过双方认可的第三方权威机构广东省建设工程标准定额站的纠纷处理系统形成争议调解函，双方签字盖章确认后报送至广东省建设工程标准定额站请求进行争议调解。同时，将事先准备好的各项变更索赔资料及依据收集归档，根据报送要求，由建设方和施工方双方签字盖章确认后报送至省标准定额站裁决，经省定额站裁决并下发《粤标定复函》，明确型钢新增单价采用液压震动锤打、拔超深拉森钢板桩定额子目，完全实现项目部预算编制目标，达到了创效的目的。

8. 优化挖填方创效益

本项目挖方大于填方，路基挖方大部分为建筑垃圾、淤泥及非适用填筑材料，设计利用率30%，不足部分采用外购方，其中，挖方利用方单价较低，外弃方和外购方单价较高。为实现创效，项目部从现场施工记录和土石方调配方案入手，对现场淤泥地质段、建筑垃圾段、非适用填筑材料段等现场实际情况，联合参建各方现场取证并留下变更依据资料作为方案调整基础，及时组织参建各方召开土石方调配方案专题会议，调整现场实际土方利用率；最终经参建各方审批通过的土石方调配方案，项目部减少利用方8.6万m^3，增加外弃方12.9万m^3，外购土方7.7万m^3，实现创收创效，具体情况如表7－3所示。

表7－3　　土石方变更总量对比表

序号	项目名称	单位	原设计工程量	变更后工程量	量差	变更率
1	开挖利用方	m^3	251451	165024	－86427	－34.37%
2	开挖外弃方	m^3	146265	275758	129493	88.53%
3	回填利用方	m^3	210070	143499	－66571	－31.69%
4	外购土填方	m^3	77690	154959	77269	99.46%

八、重视技术研发，优化工艺降本增效

针对项目地质条件差，大部分区域均为流塑状淤泥，可利用土方少，需高价采购土源进行路基回填，需要高成本投入的同时，因珠海地

区一类土资源稀少，同时受季节性天气影响较大，无法保证施工进度及质量。项目部根据实际情况，积极开展科研工作，利用科研成果优化工艺、精练工法、研制新型材料等，精准服务于现场施工生产，达到降本增效的目的。具体情况如下：

1. 进行建筑垃圾在软土路基工程中的利用技术研究，优化土方调配

通过建筑垃圾在软土路基工程中的利用技术研究，采用新型固废基固化剂改良软土路基施工技术，解决了本项目软土路基土方可利用率低、质量不稳定的问题，大大提高了开挖土方的利用率，减少了工程外购土及外弃土的成本，并有效提高软土路基质量。因本技术软土路基处理施工简便、环保经济效果好，质量有保证，在本项目软土路基施工中大范围应用，为本项目减少了外购土方约 7 万 m^3 和外弃土方约 12 万 m^3。

2. 进行复合地基管桩二次固结技术研究，助力 PHC 管桩质量

通过采用深厚淤泥地区管桩二次固结技术，有效地提高 PHC 管桩复合地基处理效果质量，增加管桩承载力及稳定性，并有效消纳建筑固废、节约成本与保护环境，提高了加固软土地基的施工质量，此项科研技术在本项目中应用，避免了 PHC 管桩因承载力及断桩等问题而增加的试验检测成本，缩短了工序验收工期。为项目直接消耗建筑垃圾 5.6 万 m^3，减少了二次外运。

3. 进行胶凝改性材料水泥土性能提升施工技术研究，增强水泥搅拌桩质量

通过采用基于胶凝改性材料的海相淤泥水泥土性能提升施工技术，较好地解决了海相淤泥地质下水泥土搅拌桩成桩质量不稳定的问题，本项目水泥搅拌桩大量采用研发的新型胶凝材料外加剂，提高了水泥土搅拌桩施工效率、成桩质量，并减少了水泥用量。此外，本技术大量消纳

了建筑垃圾，降低了成本、能耗和环境污染。此技术的大量应用，为本项目优化了水泥用量、提升了搅拌桩成桩率、缩短了工期成本，人、料、机成本大幅降低。

公司属于高新技术企业，企业所得税税率为15%，科技研发降低企业所得税，减轻企业负担，达到降本增效的目的，通过以上3项科技研发，项目部预计可以为企业减少缴纳企业所得税142万元。

第六节　取得成效

一、收益情况

项目部累计完成产值××万元（不含税），实现利润××万元；收益率××%，与责任预算目标××%相比，超出××万元，超责任目标××%。

二、所获荣誉

疫情防控期间，项目部在加强疫情防控的同时，抓紧项目复工复产，并根据当地疫情防控期间优惠政策，及时上报政策减免资料及复工复产完成资料，项目部共获得复工奖励1.18万元，减免社保20.68万元，诚信加分13分。

2020－2021年，项目部在与同一业主下多家央企同台竞技的情况下，4次排名第一，是参评施工单位中获得排名第一次数最多的项目。

2021 年项目部在珠海市 48 家市政工程项目评选中荣获“文明施工示范工地”。

项目部通过技术研发取得多项成果，获得集团公司科技进步奖 3 项，集团公司优秀工法奖 4 项，集团优秀 QC 成果 4 项，集团公司优秀论文 3 项，股份公司优秀工法 1 项，铁道工程建设协会优秀 QC 成果 1 项，发表中文核心期刊论文 3 篇，获得相关实用新型专利 4 项，相关发明专利 4 项，关键技术国际先进水平 2 项、国内领先水平 1 项，大大提高了项目团队施工管理水平。

第七节　下一步研究方向

一、做好竣工结算

项目部将加强结算资料收集整理工作，清理变更索赔报告，确保计得回，拿得稳，制定完工项目结算目标计划，编制结算报告，做好项目结算和竣工审计，及时对分包商进行结算。

二、加强考核和奖励

项目部已建立责任成本考核奖励办法，定期对各责任中心的成本管理和效益情况进行分析，并依据办法考核奖惩，落实成本管理责任，实现管理效果与个人收益相匹配，促进项目整体成本管理能力提升。

三、做好属地经营工作

本项目具有特殊的地理位置和作用，对于集团公司扩大某工程建设，具有重要的战略意义。项目部将进一步提高管理水平，实现项目全面创优，依托在建项目，践行属地经营理念，以干促揽，促进滚动经营。

第八节　小结

根据市政项目征地拆迁困难、地下管线复杂、前期地质勘探资料不详细、施工干扰大等特点，市政工程施工总承包项目成本管控应发挥项目团队优秀的协作能力与专业素养，超前谋划，沉着冷静，夯实基础工作；重点做好标前成本策划、施工过程成本管控，提高项目盈利水平，达到项目创效目标。

第八章　施工总承包项目责任成本控制要点

围绕“品质铁建”，贯彻落实“1234 +”项目管理思路，深入推进项目责任成本管理水平，增强项目创效能力，集团公司以某项目为试点，开展责任成本管理实验室建设。依托超前的项目策划、方案优化，立足创优创效，推进全过程优化项目责任成本管理，在集团公司及分公司的指导帮助下，探索出一套适合施工总承包项目的责任成本管理模式。

第一节　研究背景

成本管控的根本在于保证安全、质量、进度的前提下，精细化项目成本管控，完善成本管控措施，从而提高项目创效水平，增强企业的市场竞争力。

某项目为费率下浮合同，主要建设内容包括护岸、新建油码头，船台滑道及水工助航设施，估算经费约 7.9 亿元，最终以审核后的施工图预算为准，合同工期 792 日历天。

本工程为区政府代建项目，建设后整体移交使用单位，项目上级管理单位关系复杂，沟通协调工作难度大，存在用地征迁进度缓慢、施工图设计进度滞后的情况，项目施工组织受到严重影响。

第二节　研究目的

当前建筑施工行业市场化程度高，竞争激烈，项目盈利空间不断被压缩，成本管控的不可控因素多，对管理人员素质、能力要求高。针对本项目特点，立足降本增效，对施工总承包项目成本控制要点进行研究，探索责任成本管理工作制度，优化责任成本流程管控，提升项目创效水平，形成独具特色且适合于施工总承包项目责任成本管理体系。

第三节　研究人员

为强化项目成本管理工作，完成项目经济责任指标任务，成立公司层级的责任成本管理领导小组、项目层级工作小组，工作小组办公室设在项目合约部，负责责任成本实验室具体建设工作。

第四节　研究流程

1. 探究施工总承包项目在施工阶段成本控制的主要做法。
2. 收集施工阶段项目责任成本管理的经验及教训。

3. 通过总结施工阶段责任成本控制要点，有针对性地制定纠偏措施，动态调整责任成本实验室管理要点，总结出一套适合用于施工总承包项目的责任成本管理体系。

第五节　主要做法

因项目施工蓝图不全，施工图预算未确定，收入存在不确定性，项目整体成本控制难度大。为做好成本管理工作，最大限度实现降本增效目标，项目部主要从六个方面进行成本控制，提高项目创效水平：①靠前指挥，规范合同签订；②谋定后动，做好成本预控；③精细管理，强化预算编制；④降本节支，优化施工方案；⑤夯实基础，加强成本管控；⑥提质增效，深挖二次经营潜力。

一、靠前指挥，规范合同签订

本项目为施工图预算下浮 8.16% 中标。中标后，项目部详细分析招标文件、合同条款、工程承包范围，并结合现场调查情况，对施工阶段可能发生的变更进行预判和策划。利用施工范围及规模的不确定性，针对业主没有按合同约定提供设计蓝图及施工场地等现场情况，由项目领导班子牵头，与业主对接，促使业主变更合同约定条款；同时以有关法律条文及政策为依据，变更合同不合理条款。

（1）主合同条款优化。在合同谈判阶段，提出修改意见 180 处，其中文本错误修正 48 处，不利合同条款修正 132 处，经联合二标、三标与业主进行多轮合同谈判，最终将合同内容中对我方不利条款进行了部分修改。

（2）调整合同工期。因业主施工蓝图出具不及时、征迁等原因，工期严重滞后，项目部联合其他标段向业主施压，成功实现工期延长要求，但最终完工日期还未确定，需要签订延长工期的补充协议，规避履约风险。

（3）调整付款比例。按照相关政策规定，发包人应按不低于工程价款的60%，不高于工程价款的90%向承包人支付工程进度款。项目部以此为据联合其他两标段与业主商谈，由原来的季度付款50%调整为月度支付65%，大幅减轻项目资金压力，降低资金成本。

二、谋定后动，做好成本预控

项目部坚持方案先行，根据可研及初设图纸编制成本预控方案，从分包策划、风险预控及效益分析等方面做好策划，对项目效益点进行研判，明确成本管控方向。

1. 分包策划

由于主体工程量较大，涵盖码头施工和陆上施工，施工断面大，作业面多，工期紧张，项目部本着“交叉作业少、工程量相当、产值较均衡、形成良性竞争”的原则划分分包范围，实行以劳务分包为主、专业分包为辅，确保项目利润最大化。

针对挖泥、抛石工程所用船机设备种类杂、数量多的实际，项目部扬长避短，选择实力较强、信誉较好的分包商，由项目管理人员加强过程管控，确保施工质量，增加项目利润。

针对沉箱、扭王字块及梁板预制，挡浪墙及引桥施工工艺较为成熟，专业施工能力要求不高的实际，项目部采用“工序分离，限额领料”劳务分包模式，确保利润可控。

针对沉箱、扭王字块及梁板等预制构件安装设备需求量较大的实际情况，项目部自行租赁船机等设备，同时进行劳务分包，确保项目利润。

2. 风险预控

本项目工期跨度较长，存在材料上涨风险，混凝土、钢材、水泥及块石等原材料受环保影响价格波动较大。一是利用合同条款约定，主要材料及设备按照编制预算时当地信息价执行，图纸出具后分析材料价格走势图，合理选取时间节点，提高预算单价。二是科学设置风险调差系数、降低材料采购成本。招标过程中，当材料价格处于高位时不设置风险调差，当材料价格处于低位时，设置5%的风险调差系数，努力降低材料采购成本。

业主征迁举步维艰，临时用地、施工区域及料原征地进度缓慢。项目部主动出击，摒弃等、靠、要思想，与周边企业及居民建立良好关系，在政府征迁未解决的情况下，部分企业及居民同意项目部先行进入红线范围组织施工，为施工生产打开了良好的局面。

3. 效益策划

根据现场实际及成本测算分析，项目盈利点主要有挖泥、水上抛石等，非盈利点有抛石挤淤，亏损点有陆上抛填堤心石、二片石及块石等。

针对抛石挤淤施工效率低，后期永久护岸基础需二次清淤，且施工过程中存在安全隐患、质量风险及影响进度等问题，通过专家论证，并与设计单位多次沟通协调，将抛石挤淤变更为清淤回填，缩短了试验段施工工期，保证了施工安全及质量，也增加了项目收益。

三、精细管理，强化预算编制

1. 重视“四算”对比工作

本项目为费率下浮合同，项目部编制施工图预算报审，但后续招标过程无业主单价作为指导，项目整体成本把控难度大。

项目部组建成熟的造价管理队伍，由商务副经理牵头进行中标概算、施工图预算、计划成本、实际成本“四算对比”。

根据初设图纸及相应的施工图概算，结合现场的实际情况，编制试验段、护岸及水岛三个分项的施工预算作为成本管控的依据，并编制成本测算分析表，同时作为后续分包招标、物资采购及设备租赁的指导依据，确保项目成本可控。

2. 运用WBS工作分解，实现动态管理

前期用WBS（工作分解结构）将工程部位进行分解，同工程进度计划结合起来，把工程费用按WBS拆分到工程细部节点，这样使WBS节点既有进度计划时间，又有工程费用、人材机消耗成本。通过该种方式实现了随时了解工程收入及盈亏情况，及时采取相关的措施对项目进行调整。

通过把成本核算同工程进度结合，项目部对分部分项进行进度、成本分析，发现抛石挤淤施工成本较高。项目部立即针对潜亏点组织专项会议进行分析，制定变更策略，通过业主召开专家会议论证，将抛石挤淤变更为清淤回填，降低了施工成本，拓展了盈利空间。

3. 编制施工图预算，指导后续招标

施工图预算编制工作强度大、涉及部门多，需要完成大量的计算及测算工作，随着工程图纸陆续下发，需要持续进行工程量计算及预算编制。同时，随工程推进变更洽商及工程签证亦将增多。

项目部成立了项目责任成本管理工作小组，由责任成本管理小组领导对施工图预算进行整体把控审核。合约部负责牵头，主要职责为根据施工图、预算定额及各项取费标准等资料进行组价，熟悉施工组织设计并进行工程量复核，对各部门数据进行汇总整合；工程部主要职责是对图纸工程量进行复核并建立台账，编制施工组织设计，对施工方案进行优化；设备物资部负责统计施工所在区域主要材料设备市场价及信息价，进行价格趋势分析。

4. 提高预算单价

合理利用外部单位资源优势。本项目预算由项目部编制并报业主委托的造价单位审核，项目部多次前往定额站就定额套用及人工费等相关问题进行咨询。在定额站的协助下，使业主委托的造价单位最终按照水工定额组价，人工费采用青岛水运市场沿海港口人工单价计算，水工板块人工费单价由44.1元/工日调整至62.47元/工日。

施工组织设计及施工方案是施工图预算编制的重要依据，直接影响预算单价，项目部以经济与技术相结合的方式优选施工方案，在此基础上与造价单位协商护岸施工图预算。陆上抛石价格由原来的4.15元调整为8.11元，调整后该项增加产值91.74万元。

项目部按照码头施工工期要求，根据初设图纸编制码头区域施工组织计划上报业主，同时报送赶工产生的措施费，主要包含两方面：①因赶工增加的人员材料及船机设备费用；②赶工增设的临时便桥等临时工程。最终业主承诺若按照码头工期要求施工同意签认项目部赶工费用，但需得到市机场办的同意方可，下一步将争取该部分赶工费用尽早落实。

四、降本节支，优化施工方案

本项目进场后，编制试验段、护岸、水岛码头施工方案，沉箱安装专项施工方案等，在满足安全、质量及进度的前提下，通过技术方案经济比选，合理优化施工方案，提高工作效率，达到降本节支的效果。

1. 石料加工

鉴于现场爆破后的混合倒滤层、土工布保护层及二片石垫层等石料不满足施工要求，暂定两种方案，一是直接向外部单位采购，二是对现场石料进行加工自制。经测算所需石料约 21.96 万吨。

直接采购，按照本项目付款条件本地市场价石料每吨为 110 元左右，业主按照信息价给项目部计价为 80 元左右，存在潜亏风险。石料加工自制，经询价石料加工自制 1 吨约 30 元。

最终项目部给业主发文，从安全、质量、环保等方面进行论证，使其同意项目部加工自制，降低了成本，减少了亏损。

2. 抛石挤淤变更清淤

试验段工程原设计按照 3m 厚淤泥设计，项目部通过查验地勘报告和现场实际情况进行对比，发现地质条件和设计不符，主动联系业主及设计单位进行工艺优化，并借助专家论证会，使抛石挤淤工艺调整为清淤换填工艺，清淤量大约增加 16 万 m^3 左右。

3. 排水方涵现浇改为预制

护岸区域设置排水口三处，排水方涵为现浇工艺，垫层底标高位于低水位，作业时间短，工效低，项目部将护岸底部排水方涵由现浇调整为预制吊装，提高了施工效率，降低了施工成本。

4. 统一挡浪墙、沉箱尺寸规格

护岸挡浪墙：原设计方案中挡浪墙尺寸规格有 3 种，按照施工组织计划划分为两个标段，需购置 6 套模板，经项目部引导优化尺寸为 2 种，仅需购置 4 套模板，模板利用率提高，减少了大约两套模板的加工费用。

水岛码头结构形式为重力式码头，墙身大多为沉箱形式，但沉箱尺寸规格不一，仓格尺寸也不统一，模板利用率低，项目部计划对接设计院调整沉箱尺寸，统一规格，合理进行模板流转使用，减少模板改造费用，下一步争取落实该项优化，降低成本。

5. 加强工期进度管理

本项目不同于传统的施工总承包，本项目受到施工蓝图出具不及时，征迁及相关手续不全等问题的制约，工期管控难度较大。项目部采取的措施如下：

（1）里程碑关键节点控制。在项目策划中明确里程碑节点、阶段计划的完成时间，明确资源配置和责任分工，并根据施工蓝图出具计划及业主要求进行动态调整。

（2）倒排工期。项目部根据完工交付时间节点倒排项目进度计划，重点控制设计、采购、施工、试运行等主要阶段进度计划，做好关键线路、里程碑节点控制。

（3）建立专题会议制度。联合监理组织召开周例会，加强多方沟通协调，并同时组织例会前工作检查落实，及时提出纠偏措施。

（4）做好进场准备。在招标结果依据招标程序和法律程序达成事实，已下发中标通知书但未签订合同时，提前组织中标单位尽快进入现场，开始前期各项施工准备工作。

（5）流水作业。为确保无缝隙、无间隔推进项目，项目部将项目按施工段分别实施，各施工段的图纸可以分步设计、分步实施，分步验收，形成各专业流水作业、交叉作业。

五、夯实基础，加强成本管控

施工总承包项目中分包成本、材料成本及设备租赁的成本管理直接影响项目盈亏，项目部通过加强人、材、机等成本要素的管控，不断夯实项目成本，具体做法如下：

1. 严控分包成本

按照现有策划完成分包招标工作 15 项，合同均已签订，分包节支率 6%。

联合其他项目部共同招标。联合某项目集中招标，通过集采降低分包成本。因某项目沉箱需求量小，由项目部建设预制场及拌和站，供两项目使用，降低公司运营成本。

本项目扭王字块需求量多，安装规模较大，如采取传统分包模式，将导致部分利润流失，项目部聘用特殊工种及租赁船机设备进行扭王字块安装，有效加强过程管控，减少专业分包比重，将利润归于项目部。

2. 物资材料控制

根据现有图纸及现场情况，完成编制并上报即墨项目设备物资部分、试验段及海阳预制场物资策划书、物资集中采购需用总计划、物资集中采购计划、临时用电施工组织设计，为即墨某项目设备物资工作开展做好基础。

本项目是当地建设规模较大的工程，共分为三个标段，均需要大量水泥等混凝土原材料。在即墨区域水泥协会的把控下，当地水泥供应商联合抬高水泥价格。业主根据信息价编制施工图预算，当期信息价为580元，但当地水泥供应商报价约680元左右，严重超出业主单价，造成潜亏局面。

对此项目部多方联系沟通，最终采用从其他地区采购水泥，海上运输至施工现场的方式打破当地水泥供应商价格垄断，经初步测算，该种采购方式比从当地采购一吨节省约100元。

3. 机械设备控制

项目部把好设备检验准入关，船机设备特别是大型船舶及特种设备进场前，组织设备、安全、工程人员等实地考察，对技术状态、安全装置、船机证书、人员证书等进行检查，检验不合格的严禁进场。

对于拟租赁的重点船舶及施工设备，实地考察并出具考察报告，作出客观、公正评价。严禁使用“施工船舶黑名单”船舶；优先使用取得DOC证书及SMC安全管理证书的船舶。

设备进场后严格执行公司制度，建立船机设备台账，实施动态管理，定期检查，有效控制船机设备技术状态，使船机设备处于良好工作状态。

加强油料管理。进场工作前，出、承租双方确认进场机械设备的自带油量，根据设备总功率、参照额定耗油量确定燃油消耗量，对每台设备用油独立计量，并根据每月的工作量进行油料核定，严控油耗，对超耗的设备及时查明原因，整改落实。

4. 重视研发降低税费

本项目涉及水工工艺复杂，为降低企业所得税，减轻企业负担，达到降本增效的目的，项目部开展科技立项，革新技术，形成“沉箱海上浮运工艺研究”“超高挡浪墙施工技术研究”两个技术研发课题。项目部及时进行研发费用归集，减少企业所得税缴纳。

六、提质增效，深挖二次经营潜力

通过分析，项目部变更索赔主要思路为：在挖泥及堤心石水上抛填等主要利润点上进行正变更，在潜亏点上进行负变更。同时，为确保项目的整体工程量，增加水工部分工程量，在“蛋糕”做大的同时拓展利润空间。项目部主要做法如下：

1. 增加水抛工程量，做大施工产值

对护岸抛石，项目部从工期、质量、安全等方面与业主沟通，最终将部分陆上抛石变更为水上抛石，工程量约10万m^3；对码头抛石，码头区域若采取陆上抛石需将原有引桥拓宽才能使用，项目部从该方面着手与业主协商，在码头区域施工蓝图尚未出具之时，争取将陆抛全部变更为水抛，变更后水抛工程量预计增加40万m^3，拓宽了利润空间。

2. 增设内层混合倒滤层及土工布保护层

临时护岸处内侧未设置混合倒滤层，容易导致内侧土石方回填区细颗粒流失，造成不均匀沉降。在项目部主导下同意增设永久护岸结合试验段临时护岸处混合倒滤层，清晰划分工作界面，保障内侧回填工程质量，同时增设土工布碎石保护层。混合倒滤层及碎石保护层工程量增加共计约 13.7 万 m^3，拓展了项目利润空间。

3. 护岸增设压脚棱体和护底块石

项目部从安全质量方面与业主商谈，最终按功能单独设置护岸压脚棱体和护底块石，完善设计断面以支撑其功能性，降低安全风险，保障工程质量。护底块石工程量增加约 8 万 m^3，增加利润 57.39 万元，保证了项目收益。

4. 增加引桥长度

初设图纸中引桥长度为 505m，项目部在深入研究海防所设计思路及 J 方实际需求后，加强与设计院沟通，增加引桥长度，争取将引桥长度调整为 800m，通过增加工程量拓展利润空间。

第六节　取得成效

一、收益情况

项目部开累完成施工产值××万元，累计发生成本××万元，开累利润为××万元，开累利润率××%，达到经济责任书指标要求。预计剩余产值××亿元，完工后剩余利润约××万元，整体利润率约××%。

二、所获荣誉

2020－2021年，项目部在多家央企同台竞技的情况下，连续两年获得文明施工先进单位，在保密及防疫方面获得业主的高度认可。

针对超高挡浪墙大体积混凝土模板支立困难、周转效率低等工程特点，组织技术攻关，着重从工艺探究、整体稳定性、移动方式等方面进行研究，课题正在实施中。针对扭王字块质量通病，成立QC小组，形成《通过调整脱模剂及添加成分有效消除扭王字块斜趾气泡》成果1项；在《港航建设》录用或发表论文5篇，在《建筑细部》录用或发表论文8篇。

第七节　下一步研究方向

一、推进精细化管理

项目部严格按照集团公司及分公司责任成本管理制度及成本预控方案，确保项目大干前做好策划及方案准备工作。

1. 及时编制施工图预算，进行责任预算分解

水岛设计蓝图出具后，立即编制施工图预算上报业主审批，避免出现试验段施工过程中因施工图预算审批不及时造成的业主计量延后情况，确保按照合同约定的计量方式、时限办理计量，确保项目部现金流。

设备物资部定期收集山东省及青岛市造价信息网上钢筋、混凝土、块石等主材的价格走向趋势，由合约部牵头，工程部、设备物资部等业务部门配合，结合施工工艺并综合分析人、料、机价格趋势，编制项目成本测算报公司审批，作为项目分包招标的控制限价及内控成本目标值。及时进行责任预算二次分解，明确控制目标，明确成本费用控制责任，签订成本控制责任中心合同，定期进行责任成本分析，寻找成本要素偏差，并制定相应措施，落实到位，责任到人。

2. 做好分包策划，抓好分包招标工作

做好分包策划工作，本项目分包以劳务分包为主，专业分包为辅，以“优化施工工艺，减少交叉施工，成本最优”为原则，严格按照集团公司相关管理办法，做好合规管理工作，规避分包管理风险。项目部编制上报护岸分包策划，并按分包策划进行有序招标工作，编制招标控制价，合理低价中标，以控制分包成本。

二、加强考核和奖励机制

项目部根据送审版图纸编制责任预算并进行分解，制定每个责任中心人、机、料、现场管理费的目标，并在设计蓝图出具后进行动态调整，签订责任中心合同后，按照“月重点、季全面、年综合”要求，定期进行项目成本分析，并定期进行责任预算考核，考核内容主要包括收入、工程数量、分包成本、材料成本、机械设备成本、临时工程成本、其他直接费和现场管理费等，年底按照考核管理办法进行考核兑现，落实成本管理责任，使责任成本管理效果与个人效益挂钩，促进责任成本管理能力提升。

三、做好竣工结算

1. 认真阅读合同条款，严格按合同条款中的约定执行；认真核对竣工图与现场实际是否吻合；

2. 认真收集与工程建设相关的各种资料，尤其是工程变更、工作联系单等，并对原有变更和索赔报告进行清理，对没有被批复的查清原因，尽快完善手续并上报；对已批复的要彻底进行清查，检查批复是否合理，是否折价，对批复不足的部分抓紧补报。

四、做好属地经营

该地区未来1~2年将陆续上马一批类似工程，项目部将立足本项目进一步全面提高管理水平，实现项目的全面履约，创誉创效，以在建促承揽，促进滚动经营项目落地。

第八节　小结

项目责任成本管理工作要从施工要点切入，结合项目特点，成立专项小组跟进图纸变更，引导设计单位优化设计图纸中相关工艺及方案，同时按照成本要素把控施工成本，对分包、物资、材料成本进行细化管理，全过程推动项目责任成本精细化管理，积极创收创效。

第九章　某水运工程施工图预算研究

为打造“品质铁建”，认真贯彻落实“1234 +”工程项目管理思路，深入推进责任成本管理工作，促进项目管理和创效水平不断提升。二分公司以某管廊项目为依托，对水运工程费率合同施工图预算进行研究，成立责任成本实验室领导小组和工作小组，制定工作方案，开展责任成本管理实验室建设。积极探索和践行“细分管理、有的放矢、精准控制”理念，深化开展责任成本实验室活动，不断提升责任成本管理工作能力及创效水平。

第一节　研究背景

一、项目概况

某管廊项目位于徐圩港区东防波堤西侧海域，工程内容包括水上钻孔灌注桩、现浇桩帽、纵横梁及实心板预制构件现场运输及安装、现浇面层、附属结构及钢结构管廊等（如图 9 - 1 所示）。原合同金额为 3.5 亿元，后因业主原因，大管桩改钻孔灌注桩，调整后合同总金额为

5.24 亿元。

图 9-1 某管廊项目航拍全景图

二、研究背景

1. 在计划经济时代，费率计价是一种常规的计价模式，但现阶段已是非主流。建设周期短、急于投产的项目会采用施工图预算下浮费率计价合同模式。

2. 费率招标比价过程比较简单，只需要比较下浮率，但是计价过程和结算争议比较大，结算金额偏差也会比较大。

3. 大部分施工单位对费率合同项目的成本及收益管理考核，同样使用下浮率作为经济考核指标（水工结构工程下浮率约 25%）。能否完成经济考核指标，一方面看成本管理效果好坏，另一方面看编制的预算水平是否达到下浮水平。

4. 二分公司存在着几个典型的费率计价合同项目，其中某管廊项目为急于投产的项目（第三方机构审定的施工图预算基础上下浮 21%）。作为施工主体单位，要确保项目施工的基本收益，努力实现效益最大化。

5. 对于政府招标的费率项目或有政府参与投资的费率项目，需要进行外部审计的，需了解审计流程及地方审减率潜规则，在报送文件中保证报送金额充足，从施工图预算编制开始编制出有质量且有一定审减空间的施工图预算，以应对多轮审计核减。

第二节　研究目的

加强项目成本管理，实现效益最大化，是企业赖以生存的基础，是实施可持续发展战略的需要，也是增强企业竞争力的需要。而现阶段项目管理过程中普遍存在重生产、轻效益的问题。成本管理职责不清晰，施工方案不经济，成本管理手段不全面。开展责任成本管理实验室建设工作，强化项目成本管控，树立全员全过程成本管理意识，立足创优创效，是增强企业竞争力，确保企业长远发展的需要。

费率计价合同模式是工程量清单计价模式之外的又一种计价模式。某管廊项目是水工项目费率计价的代表性项目，根据项目自身特点，研究团队通过收集汇总项目前期方案策划、施工图预算及实施阶段责任成本管理过程中存在的问题和好的做法，分析总结，给后续项目积累责任成本管理经验，提升区域内项目的责任成本管控能力，提高项目盈利水平。

第三节　研究人员

为进一步抓好责任成本管理实验室建设工作，分公司成立了以分管领导为组长，副总经济师兼经济法务部部长为副组长的责任成本管理实验室领导小组，项目部成立了以项目经理为组长，分管领导（商务经理）为副组长的责任成本管理实验室工作小组。

第四节 研究流程

1. 掌握水运工程施工图预算编制的核心要素、关键点和争议点。

2. 确定施工图预算费率下浮水工项目从标后实施到结算确权的过程计价和结算管控要点。

3. 总结各关键环节计价管控过程中的成功经验和教训，进行深入分析。

4. 总结提炼出一套可推广、可借鉴的施工图预算费率下浮水工项目计价管控措施和办法。

5. 主要研究流程：熟悉施工图与初步设计概算，参与主要施工方案讨论；施工方案经济比选；方案确定与审批；套定额计费，编制施工图预算；计价确权；结算审计。

第五节 主要做法

一、成立组织机构，做好人员分工

施工图预算编制是一个综合性的过程，涉及工程技术、工程造价、材料信息、政策法规等多个方面。要编好一个项目的施工图预算，必须成立一个科学合理的组织机构，并做好人员分工，系统策划、分工推进。在过程管控中，预算管理组织机构是预算推进的主体与基础，在预算启动、预算平衡、预算下达、超预算审批、预算调整等方面发挥把控作用。

施工图预算必须由项目领导班子牵头，经济法务部、工程管理部、技术质量部、物资部等多部门协同。前期项目策划时，对部门进行合理分工。其中，经济法务部作为施工图预算的主导部门，主要职责是施工图预算定额套价、工程量的复核、技术方案经济比选以及各部门间沟通及协调工作；工程管理部主要职责是清单数量和措施工程量计算；技术质量部主要职责是优化施工方案，对方案进行经济比选；物资部主要职责是做好市场材料价格摸底和部分无信息价材料的认质认价工作。

为了更切合实际，项目前期应由领导班子牵头组织施工图预算编制小组深入施工现场，论证各方案的可行性、经济性、合理性，为后期预算编制打下良好的基础。编制预算时，采用集中办公的形式，针对重难点，各部门相互论证，合理分工，提高施工图预算编制效率。

二、掌握行业定额，选择编制依据

行业定额及其配套是编制专业施工图预算的基本工具。因此，要做好项目的施工图预算策划，首先要熟悉和掌握相关定额及其配套等计价依据，懂得其中的规律和适用原则，这样才能确保预算编制过程中每一个工序和参数的选择都有据可循、有规可依。

专业人员掌握定额及编规等业务知识要与时俱进。行业领域发展较快，“五新”工艺不断涌现，国家水运工程基础性建设也逐步伸向深蓝，定额及规范性文件持续在更新，合约人员在常规业务范围内对老定额、新定额要熟门熟路，及时更新信息储备。

水工项目施工图预算编制的原理和其他建设工程基本相通。费用由工、料、机、其他直接费、间接费、利润和税金等组成，但水工项目预算取费的基数不尽相同，其以基价定额直接费取费的方式是独树一帜。另外，因为项目的涉水专业特性，预算编制有很多独特的规定和要求。

《水运建设工程概算预算编制规定》（JTS/T116－2019）中主要费用项目有：①基价定额直接费；②定额直接费；③其他直接费；④企业管理费；⑤利润；⑥规费；⑦增值税；⑧专项税费。其中，其他直接费由安全文明施工费、临时设施费、冬季雨季及夜间施工增加费、材料二次倒运费、施工辅助费、施工队伍进退场费、外海工程拖船费组成，导致各项取费差异的主要原因为工程类别、规模、特性和施工距离等因素。

三、熟悉图纸、概算，了解设计意图

尽早尽快熟悉施工图纸，包括熟悉前期初步设计图纸，有助于尽快了解设计的意图，将蓝图转化为现实，以策划针对性的实施方案，为预算编制提供支撑和依据，并根据针对性的方案作经济比选，优化施工图设计，达到设计阶段第一次创效的目的。

某管廊项目为使施工图设计更切合实际，施工图预算更加详细，特邀监理、业主及设计代表组织召开图纸会审和设计答疑会议。会上某管廊项目提出几个针对性、代表性的建议，例如：（1）墩台架立筋数量多，建议将架立筋列入结构钢筋范畴；（2）建议施工图设计中明确措施工程的受力荷载要求，为后续方案的审定奠定基础。

初步设计概算是设计文件的重要组成部分，是设计阶段控制工程投资规模的主要指标。初步设计概算也是项目投资总额的“天花板”，含预算扩大系数、涨价预备费和预留金等。原则上工程实体造价不能突破初步设计概算中工程建设费用。了解和掌握初步设计概算，有助于我们了解设计的意图，帮助我们进行预算纠偏，控制预算费用水平，提高施工图预算编制能力，降低被审计核减的风险。

四、深入项目一线，熟悉项目情况

1. 编制施工预算之前，首先应掌握工程项目所在地的现场情况，了解施工现场的人文环境、地质、水文、风浪条件、施工平面位置及周边建筑物等有关情况，尤其是对那些关系到施工进程的外界条件应有全面的了解和判别。

2. 项目施工图预算取费系数与项目所在地区的气候、水文、地质地貌等自然条件，技术复杂程度以及新技术、专利使用情况、经济、人文等社会条件都有着密切的关联，项目施工图预算取费系数是一个闭合区间，如何正确合理取费，是提高工程造价的关键。合理取费必须要有充分的理由和说服力，想要合理提高工程预算和造价，就必须对项目一线进行摸底，切合实际开展预算编制工作。

3. 施工进退场费指施工单位承担工程施工使用的施工船舶机械进出施工现场及派驻施工力量一次往返调遣所需的费用。费用内容主要包括期间职工工资、差旅交通费、施工船舶机械、工具器具、周转材料和生产管理用具的调遣和运杂费，以及施工船舶机械在调遣时需要封舱、开舱、拆卸、复原等费用。施工队伍基地距工程所在地距离是影响施工队伍进退场费的直接因素。正常情况下，合同都会对这个取费标准进行明确，约定基地距工程所在地距离。因专业限制，很多业主会忽略这一点，也给了施工单位“钻空子”的机会。常理来说，无论最终认可分公司至工程所在地直线距离还是集团公司总部至工程所在地直线距离，补偿金额都将远超预期。

4. 大小临费用的计取，关于该项费用，《水运建设工程概算预算编制规定》分别在“临时设施费”（俗称小临）及“临时工程费”（俗称大临）两处进行了阐述，其中“临时设施费”包括工地范围内的临时宿舍、库房、工棚、办公室，生活及管理区域内的水、电、路、管线等临时设施的搭设、维修、拆除及摊销费用，该费用按各类工程的基价定额直接费乘以相应费率计算；“临时工程费”指为保证工程正常施工而必须兴建的、且永久性工程费用及工程建设其他费中未列入的有单独设计文件的各类临时工程，以及采取各类必要施工措施所需的费用，常见的包括临时码头、构件临时预制场、栈桥、临时围堰、施工降排水等，该项费用一般需要编制专项施工方案，并在方案中进行详细设计，列明相关工程量，预算编制时根据设计工程量套用有关定额计算。

五、定额方案相结合，实现利润最大化

与传统工程量清单计价项目不同，对于费率合同来说，施工组织设计及技术方案是施工图预算编制的主要依据，直接关系到预算成果水平的高低。因此，必须对施工组织设计及技术方案进行更加系统详实的研究。尤其是影响到定额套用的类型和步距，对于技术措施费计取的部分，必须完备、清晰，并保证通过技术方案图纸描述计算出相应的周转材料用量。

某管廊项目为节约投资，原管廊初步设计桩基采用预应力管桩。经现场考察核实，水上打桩施工作业条件较差，水深较浅，且施工船舶进出口门较小。项目部与设计院积极协商，策划重大变更，由打入桩变更为钻孔灌注桩。本项目增加投资额近 1.7 亿元，但也相应增加了利润

额，实现了前期第一次策划创效。

项目部施工图预算二次策划，要继续深入到实施的每一道工序，某管廊项目做了大量的努力和尝试。

1. 钢栈桥和钢平台措施方案

钢栈桥和钢平台措施方案主要是解决钢栈桥、钢平台单位面积的含钢量和整体的摊销次数，该费用直接影响到整个项目的盈亏平衡。最终经建设单位、总包单位、项目部三方认可，同意按项目部方案调整定额，钢平台定额耗用量按 2 次摊销，钢栈桥定额耗用量按 1 次投入摊销，成功将钢栈桥、钢平台扭亏为盈。

2. 条形基础钢平台和钢栈桥

海上接岸部分地质层较复杂，防波堤坡脚、平台等质地坚硬，若采用正常冲孔工期长且不经济。为确保方案可行性，考虑整体项目工期，经研究，项目部最终形成“条形基础 + 冲击成孔”的钢平台和钢栈桥搭设方案，由条形基础取代部分钢管桩，条形基础内预埋钢板，并作扩大处理，既能保证钢管桩与条形基础稳定连接，又能保证荷载扩散，此项方案策划达到了经济和高效的目的。

3. 合理改装架桥机以安装纵横梁

某管廊项目受场地限制，近距离内无法找到合适的场地预制梁板，最近的预制场离施工现场 31km。同时由于施工海域内无法通航，不能采用船机水上安装。项目设计纵横梁下无盖梁，故无法采用常规方法用架桥机过孔。经多方论证，采用改装架桥机工艺，用平板车通过钢栈桥运梁，然后侧向提梁的方式架梁，成功解决了架桥机喂梁问题，相较于普通陆上运梁架梁效率大幅提高，同时项目工期和安全更有保障，且架桥机架梁预算单价也达到项目预期，为项目成本管控提供了一个好的解决思路。

六、掌握定额步距，选择定额子目

受项目工况、水文条件、地质状况、构件本身重量及体积等因素影响，大部分施工工序的定额子目下设有多种步距，不同步距对应的价格往往差距较大，因此要求预算人员在编制过程中要仔细分析、计算，合理选择。关于步距的选择，一般涉及以下几种情况：一是按设计要求计算出的步距在定额给出的步距范围内，该情况只需认真做好计算，并套用相应的步距即可，如构件预制、安装的每件体积，面层浇筑的厚度等；二是按设计要求计算出的参数，超出定额给出的步距范围，该情况可以按一定的比重进行定额系数调整，例如，灌注桩桩径超出定额给定的范围时，按照截面积比进行定额系数的调整；三是非设计要求的步距，需通过工效分析或具体计算后确定步距，该情况往往带有一定的主观性，也是预算编制时可做文章的重点，例如，《内河航运水工建筑工程定额》中“挖掘机挖装、自卸汽车运土”子目呈现挖机斗容量越小，组价越高的趋势，因此可以通过合理的工效或现场分析，尽可能选用斗容量较小步距。

七、突破固定思维，解决非常规事项

水工建设领域高桩码头及类似高桩梁板结构工程较多，项目类别属典型的水运工程。《水运建设工程概算预算编制规定》（JTS/T116－2019）基本涵盖了常规工艺流程下的各定额子目，但项目中往往会出现新技术、新工艺、新设备、新产品、新材料等，为相关定额和解释的涵盖范围所不能及，也有些分（子）项工程或工序突破专业领域，但在其他专业领域能找到可参考的依据和答案。我们一直在努力尝试突破固定思维，发挥大央企专业多元化的优势，发挥专业人员的聪明才智，提前策划和构思，跨领域有针对性地选择参考定额。

连云港管廊项目纵横梁安装采用架桥机改装方案，目前《水运建设工程概算预算编制规定》（JTS/T116－2019）定额中无类似架桥机安装纵横梁工法的相关定额，项目部突破常规思维，合理参照交通工程公路桥梁中架桥机安装梁板方案。经与三航院业内权威专家咨询和沟通，项目部在预算编制定额选用时采用《公路工程预算定额》（JTG/T3832－2018）中架桥机安装定额子目。同时，根据施工方案对定额消耗进行了调整，最终调整依据由三航院权威专家作了针对性的解释。

某管廊项目因大管桩改桩孔灌注桩后，泥浆外运路线由水路调整为陆路，目前《水运建设工程概算预算编制规定》（JTS/T116－2019）中无陆路泥浆外运定额，某管廊项目认真查阅资料，发现《江苏省市政工程计价定额》（2014 版）中 3－213、3－214 泥浆运输符合项目实际情况，最终突破固定模块思维，借鉴《江苏省市政工程计价定额（2014 版）进行组价。

八、借助权威解释，调整定额系数

工程行业定额是行业内的一把尺子，一旦发布即具有权威性，全领域要参照执行。但是具体到每个定额子项它都有一定的适用范围和条件，超出界限范畴，定额不是唯一判定标准，要根据项目不同工况进行调整，定额发布权威部门作出解释。

钻孔平台和施工栈桥是常见的争议点，某管廊项目就存在这个问题。钻孔平台和施工栈桥因使用功能、承载力要求不一样，导致目前很多项目实际工况与定额制定背景下的工况不相符，定额基价远远偏离市场，以往在这个点上交过学费、吃过亏，二公司在项目伊始就策划钻孔平台和施工栈桥的预算编制和认价工作。

某管廊项目特邀水运工程定额站编委、行业专家作出书面澄清和解释，根据专业的建议，切合实际对定额消耗量进行调整，业主方接受了这个方案，根据施工组织设计及专项方案审批结果对材料消耗量进行核算，按实调整，达到了创效的目的。

九、多措并举，确定预算材料单价

水工结构物材料成本一般占工程造价的60%左右，甚至更高，所以如何在预算编制规则内提高材料价格，显得格外重要。

1. 做好市场调研，合理确定开工时间

材料预算价的确定必须遵循合同约定原则，根据合同约定，该工程采用的材料价为开工前一个月的信息价，因此开工时间一旦确认，材料信息价也相应确定。费率合同项目大多面临中标后要求跑步进场的情形。因前期手续不齐等问题，从概算编制到预算编制，再到项目实施办理结算，周期跨度较长。因此，项目部必须做好材料市场的调研、预判，提前策划，在合情合理的范围内同业主方进行沟通，将开工时间确定在信息价相对高位的月份。

2. 充分利用询价原则，做好认价工作

对于信息价中没有的材料，一般需要各方进行认质认价。需要注意的是，有信息价的材料价差小，无信息价的材料一定要进行全面策划，提高认价结果，否则，在激烈的市场竞争下，预期下浮率对应的施工成本很难实现，这一行为是合规的，也是审计单位默许的。因此，项目部要分析设计质量标准，并在材料询价清单中标注好。另外，在制定询价清单时要同业主方就是否有品牌或其他特殊要求进行充分沟通，在询价过程中要同供应商就报价是否含税、含运杂费等进行充分沟通，并最终落实到纸面上，各方签字确认。

3. 特殊材料、能源，需提前协商确定

某管廊项目结合项目实际条件，确定施工用电用水费用种类。项目现场实际采用发电机自发电施工，常规施工用网电市场价格为 0.9 元/kWh，自发电投入较大，项目根据市场油价及实际油耗量，测算施工自发电单价为 2.06 元/kWh，合理增加电费。某管廊项目为海上项目，施工用水采用洒水车运输，常规生活用水、施工用水市场价格为 1.8 元/m^3（综合）、8.3 元/m^3（船机），根据项目实际情况，经多方确认调整后施工用水价格为 15 元/m^3。

十、关注政策、法规，提高施工图预算水平

预算编制前必须熟悉国家和地方主管部门的有关政策、法规及行业规定。其中，涉及工程造价的有关规定，应在施工图预算中提前策划，并有效编入。

二公司某项目部通过查阅江苏省交通厅相关文件，发现《省交通运输厅关于调整我省交通工程人工费单价的通知（苏交质）〔2012〕40 号》文中对水运工程人工费有调整。同时根据合同中对人工费调整的条款：人工费调整按照施工期间交通运输部或江苏省交通运输厅出台的相关文件执行。通过该项条款，成功实现了人工费调差，为项目获得了效益。

某管廊项目主要通过以下方面的预算策划，大幅提高了预算水平，为项目争创效益奠定了基础。

1. 工程桩基原设计方案大管桩改灌注桩

该工程桩基原设计方案为大管桩施工，因项目的特殊性及各种人为、环境因素导致大管桩方案无法正常进行。经沟通协调，最终确定采

用钻孔灌注桩施工方案。钻孔灌注桩施工相对大管桩施工造价较高，但钻孔灌注桩施工收入得到了大幅的提高。提高了项目经济效益。

2. 抛石层段采用内外护筒冲击钻成孔方案

钻孔灌注桩抛石层段采用冲击钻内外护筒成孔，外护筒采用1800mm×18mm规格钢护筒。合同约定：钢护筒报价采用开工前一个月信息价，根据信息价采集和市场调研，按照7000元/吨的钢护筒成品价编制预算，在价格高峰期，合理做大数量，有效地提高了工程造价。

3. 条形基础+冲击成孔搭设栈桥、平台

钢栈桥和钢平台搭设过程需要经防波堤堤角、一级平台、二级平台、护坡，冲击成孔工期长、效率低，为节省工期，经方案比选，最终采用“条形基础+冲击成孔”的方案。两者根据定额套出的价格相对比，差额在5%范围内，金额波动较小，保证了经济性和合理性。

4. 钻孔桩冲击引孔及临时平台搭设

钻孔桩冲击引孔及临时平台搭设方案经报审通过，临时平台上报预算单价3851.51元/m^2，工程数量统计1575.6m^2。实际施工过程中遇到抛石层较薄时，与业主及监理方沟通，采用钢管桩直接穿透抛石层省略部分临时平台，有效缩短工期，提升了施工利润。

5. 结合实际施工合理确定水电费用

项目作业区在海上石化基地内部，现场采用发电机自发电施工，按照常规网电（综合）单价为0.9元/kWh，该项目因特殊性，对工料机中的施工用电单价进行调整为2.16元/kWh，单价差额为1.16元/kWh，根据项目工程体量计算，施工用电额外增加造价2065万元。施工用水（综合）单价为1.8元/m^3；船机用水（综合）单价为8.3元/m^3，现场实际采用洒水车运输，根据港区内行情按15元/m^3考虑，调整后较施工用水（综合）单价增加13.2元/m^3，减少了潜亏金额。

6. 调整钢栈桥、钢平台定额消耗量

该项目施工栈桥是材料、设备、人员、车辆进出的主通道，长2km，宽9m，设计荷载100t，所有材料一次性投入；钻孔平台长2.3km，宽18m，设计荷载80t，钻孔平台材料周转使用，合计面积59400m^2，钢栈桥、平台定额消耗量对项目成本的影响巨大。施工栈桥单位面积含钢量为530kg，钢平台单位面积含钢量为450kg，目前《水运建设工程概算预算编制规定》（JTS/T116－2019）无钢栈桥定额，某管廊项目钢栈桥需过重型动载机械，荷载按钢平台考虑，若套用钢平台定额：20794 灌注桩施工平台（水上，水深20m内）（贝雷梁使用租期12月），含钢量仅为140kg/m^2，两者数量相差近2/3，若按部就班套用水工定额会造成巨额亏损。项目特邀水运工程定额站编委、行业专家作出书面澄清和解释，根据专业的建议，切合实际对定额消耗量进行调整，业主方接受了该方案，根据施工组织设计及专项方案审批结果对材料消耗量进行核算，按实调整，达到了创效的目的。

7. 纵横梁安装采用架桥机改装方案

该项目梁板安装是潜在亏损项。经过架梁专项施工方案论证，项目工期和安全更有保障，且架桥机架梁单价也达到项目预期。经计算，架梁单价为345.59元/m^3（下浮21%后，不含桥机安拆费），现架梁分包招标工作已完成，分包单价控制在315元/m^3，相较于原各种架梁方案实现扭亏为盈。

第六节　取得成效

某管廊项目累计完成产值××万元（不含税），另通过设计变更实现二次经营额约××万元，预期整个项目利润额约××万元。

第七节 下一步研究方向

一、深入研究业主合同

要深入研究合同，寻找和挖掘施工图预算及二次经营突破口，同时，化解不利合同条款带来的风险。某管廊项目作为专业承包商，业主合同不利条款较多，例如：（1）费率下浮率较高；（2）合同材料调差范围为±10%且调差材料范围条款极为苛刻；（3）总价固定合同，若下浮后预算价超出结算价，超出额将与甲方五五分成。

某管廊项目为了打破僵局，以提高施工图预算水平为突破口，成立预算编制特别行动小组，方案与预算同步进行，深入研究定额步距，将预算规模做大。

二、做好签证和资料收集

在施工过程中，项目部全体成员树立风控意识和证据意识，日常做好现场施工、重要工程节点、隐蔽工程影像资料收集，台账、日志如实详尽记录，增强变更索赔敏感性，及时发现二次经营突破口，做好现场签证，为后续施工图预算调整、二次经营、结算审计举证奠定基础。

三、做好成本过程控制

采用“正算”“反算”对整体成本进行双控，以“反算”控制为主，以“正算”纠偏。

竞争下的费率下浮合同，项目利润空间压缩较严重，要想打破僵局，项目更应当细化成本。某管廊项目按照前期总体成本测算进行“反算”，施工图预算拟下浮21%，扣除上级单位管理费占比总额后，项目按零利润考虑，计算本项目成本上限，该算法存在一定弊端，据行情判断，审计审减比例约为3%~5%，若按“反算”为成本控制目标，存在不确定性。

后期实施进行“正算”，按照分包成本、材料成本、机械设备成本、其他直接成本、间接费成本、财务成本，根据项目经验、合理行业价、实际耗用量及可能存在的风险项测算项目成本下限，实施过程中及时调整和纠偏。

四、持续做好方案优化

项目管理是动态的，不是一成不变的。在实施过程中，分析施工图预算审核价，并在给定价格的基础上继续优化技术方案，做到投入最少，产出最多。

五、做好跟踪审计的应对

费率下浮合同施工图预算计价确权存在很大的不确定性，审计过程争议较大，必须严肃认真应对。需要实施前有方案审批，过程中有记录并做实签证，实施完及时组织计价确权并回收资金，确保颗粒归仓。

另外，要做好地区审计核减规则信息收集，为结算审计做好充足准备。审计单位的核减主要通过量和价，审计单位对工程量核减不仅是针对图纸量进行审核，还会深入现场，找出未按图施工的部位，取图纸量和实际量，按照其中工程量小的部分作为审核工程量。结算时提供的施工照片应为标准段照片（如钢筋间距、混凝土厚度、护筒长度等）。对价的核减主要通过核减预算中套项和材料认价来实现，往往询报价单位未考虑运费、税费、财务费用，所报价格偏低。在结算审计前一定要书面确认好材料价格，避免审计单位大额审减。同时在平时的合约工作中一定要以预算为导向，收集好预算编制中的支撑性材料，特别是利润点相对较高部分的支撑性材料，做到预算编制有理有据，无重大核减风险。

送审金额至关重要，决定了项目业主方的心里承受极限，也关乎审定金额，如施工单位自行编制最为理想，如业主单位委托编制，则务必做好对接工作。

第八节　小结

总之，要全面做好费率合同模式下施工图预算的策划，围绕预算编制所涉及的人、机、料、法、环等各类生产要素，并结合预算编制规定及地方政策法规等，系统策划、深入研究，才能使最终的施工图预算达到预期目标，为项目效益打下基础。

第十章　项目群责任成本管控实施与优化

为打造“品质铁建”，认真贯彻落实“1234 +”工程项目管理思路，深入推进责任成本管理工作，促进项目创效水平不断提升。以某项目为研究对象，探索项目群责任成本管控实施与优化。积极探索和践行“细分管理、精准控制”理念，深化开展责任成本实验室活动，不断提升责任成本管理工作能力及创效水平。

第一节　研究背景

项目群是对现有的和将开展的一些项目进行集群，这些项目基于组织的战略关系建立共同的目标体系，以适应组织内部、外部环境的方式相互关联，最终创造超出集群内个体项目总和的价值。在此基础上开展责任成本管控，树立全员全过程成本管理意识，立足创誉创效，是增强企业竞争力，确保企业长远发展的需要。

澄江片区有两个收尾完工项目，三个在建项目，为更好地实现片区项目资源调配、资源共享、资源优化，澄江片区组建以两个收尾项目和3 个在建项目为依托的项目管理群，项目群总部设在某安置房项目驻地。各项目人员接受群总部调配、统一集中办公，充分发挥群体力量实现澄江片区项目管理目标。

第二节 研究目的

1. 根据片区项目特点，通过分析项目群组织机构设置、项目前期策划、项目实施阶段管理、如何规避审计风险、做好绩效考核五大方面分析总结，为后续项目群责任成本管理积累经验，提升项目盈利水平。

2. 总结提炼出一套可推广、可复制的项目群管理的案例。

第三节 研究人员

项目群总部成立了以项目经理、项目书记为组长，项目副经理为副组长，各业务部门负责人为组员的责任成本管理实验室工作小组，工作小组下设办公室，负责相关资料收集等日常管理工作，由商务经理任主任。

第四节 研究流程

1. 投标阶段，发挥项目群属地熟悉优势，充分察看施工现场、调查当地材料市场、设备租赁市场、当地验收标准、云南省计价规则等，研究投标清单与投标图纸，寻求不平衡报价方案，为投标决策提供依据。

2. 策划阶段，进一步研究中标清单、施工图纸，调研当地市场并结合现场实际情况，编制可操作性的策划方案。重点研究影响收入、成本较大的工程或重难点工程，周转材料方案，临时设施建设方案等，做好收入与计划成本的对比分析。

3. 项目实施阶段，通过对所属多个项目的日常管理、检查对比等管理手段，促进项目提质增效。

4. 项目完工结算阶段，根据项目特点，对完工项目及时办理完工结算。

5. 考核兑现，充分发挥绩效考核在成本管理中的关键作用，坚持年度考核与完工考核相结合，激发项目创效活力。

第五节 主要做法

根据澄江项目群的特点，结合项目实际情况，从项目群机构组织设置、项目前期策划、项目实施阶段（现场管理、合同管理、成本管理以及物资设备管理）、如何规避审计风险、做好绩效考核五大方面，降低项目各项成本，达到提高项目盈利能力和经济效益的目的。

一、集中办公，建立组织架构

本项目群共配置 65 人，其中正式员工 46 人，劳务派遣 5 人，临聘司机、厨师、保洁、电工等 14 人，相较于常规项目人员配置大量减少，有效节约了管理成本及临时设施建设成本开支。

1. 项目部群组织体系

项目群总部设在某安置房项目驻地，设项目经理、书记、总工、商务经理各一名，各项目分别设置生产及安全副经理1名。项目群总部下设六部二室，分别为工程技术部、财务部、合约部、安监部、物资设备部、测量部、实验室和综合办公室；“六部二室”除部长在项目群总部外，其他人员均分布在各项目从事本岗位工作。

各项目保留现场管理人员，主要为项目生产副经理、技术员、安全员、质检员；测量员、试验员、资料员等由项目群总部人员兼管，其他人员根据现场需要从社会临时聘用。

2. 项目群职责分工情况

项目群总部对项目各项工作统筹安排，将项目的前期策划、过程控制和后期考核有机联合，根据施工需要调配各种生产要素和资源，协调各种外部环境，解决影响施工生产的重点问题、重要技术方案，对财务、合约、物资管理进行总体把握；项目具体细化实施方案，对施工生产进行具体组织与安排，对质量、进度、安全文明施工进行跟踪检查，按照统一要求，对现场施工标准化进行具体实施。

澄江项目群间接费占比4.30%，相对于单个项目间接费占比之和减少0.74%。

二、方案比选，实现项目效益

1. 做好现场调查，提前预留伏笔

澄江项目团队利用项目群的优势，充分发扬以干促揽，提前锁定属地即将招标项目，利用施工过程中与建设、咨询等单位先前建立的良好关系让项目顺利落地。在投标时，借助于对本地市场、预算计价、社会环境等熟悉优势为投标决策提供良好参考意见，为后续项目实施提前预留伏笔。

2. 理清项目特点，做好项目策划

项目群通过调整优化设计方案，在保证施工安全、质量可控和项目核心利润前提下摒弃一些利润率低的项目。通过项目策划，优化施工组织设计，做到设备、人员、材料的合理利用，避免窝工、浪费现象，从根本上控制成本。

某安置房项目在施工过程中基本按照策划书进行施工，前期基坑支护设计图纸中基坑北侧为钻孔灌注桩 + 长螺旋止水桩支护形式。由于钻孔灌注桩设计数量较少，施工工序较多，施工安全风险较大，综合以上因素，通过分析现场实际地形情况，提出大型设备无法进入现场施工。经参建各方同意，成功将钻孔灌注桩取消，改为放坡支护。同时，针对地层下存在人工杂填片石层的实际情况，提出方案调整建议，经参建各方同意，将原设计 1 排长螺旋止水桩调整为引孔 +4 排高压旋喷桩，大大增加了现场止水桩工程数量，取得了较好的经济效益。

三、分包策划，降低分包成本

项目分包策划时，项目管理团队对每一项工程分包、每一类物资采购均做好详尽的调查、分析、对比工作，在招标过程中，严格执行集团公司“三项招标”制度，选择有实力、讲诚信、价格合理的优质分包商，澄江某安置房项目共完成劳务分包招标 13 项、材料采购招标 4 项、设备租赁招标 1 项，均严格按集团公司制度要求提交履约保证金。

澄江项目群实施过程中共签订分包合同 29 个（专业分包 17 个，劳务分包 12 个），共引进分包商 26 个。通过项目群管理，澄江片区后续在建项目引进了某项目合作过程中资金实力雄厚、不扯皮的优质分包单位进行合作。澄江某公路建设项目共签订分包合同 11 个，其中 5 家单位为通过某项目引进，占比45%，其余6家单位为新引进单位；某廊道项目（一期）签订分包合同10个，其中5家分包单位为通过某项目引进，占比50%，其余5家单位为新引进。通过项目群管理发现优质可靠的分包单位，有效地降低了项目实施过程中的扯皮、资金等风险。

澄江项目群各项目招标结超情况如表10－1所示。

表10－1　　分包招标节超表

序号	项目名称	招标节支率	备注
1	某廊道项目	3.46%	
2	某安置项目	8.83%	
3	某大道项目	0.78%	

四、强化管理，加强过程控制

1. 现场管理

澄江项目群工程管理部每周对实际完成的计划进行跟踪、分析，确保项目群能对整个工程进度处于掌握及受控的状态。

澄江各项目每日召开碰头会，每周召开项目群周例会，对项目完成情况讨论分析，制定下一个星期需完成的工作内容，将施工任务及责任人进行明确，制定相应的进度、质量、安全奖惩措施，确保项目能够保质保量地完成，实现项目总体目标。

在进度受控的状态下，施工方案要进行经济比选，确保项目核心利润。另外，澄江项目群受到业主的信任，项目积极与其沟通，并结合现场实际，合理优化方案，以达到投资节约的目的（我方利润不降低），进而取得其信任与支持，为项目后续顺利实施打下了坚实的基础。

2. 合同管理

严格执行集团公司下发的《合同管理办法》及《分包管理办法》，

做好项目合同管理工作，主要包括合同评审、合同签订、合同交底、实时监控、中间计量、分包商过程评价及分包合同完工结算七个环节，大大降低项目分包成本及风险。

3. 成本管理

根据澄江项目群各项目的造价组成特点，对项目的责任成本进行分解，确定项目的责任成本预算，单独签订经济责任书。

每月必须组织召开分析会，并将开会视频传回公司，对各项成本占比和累计波动情况进行详细对比分析，并对未来收入和成本进行核算分析。从项目部的完成情况、责任预算、劳务成本、材料成本、机械设备成本、临时工程成本、管理费用节超及有关工期、安全、质量等方面，分析项目部整体经济运行情况，对各项成本偏差及其原因形成书面文件，报责任成本领导小组，制定措施及时纠偏，确保项目部整体经济运行良性发展。

五、统筹调配，提高设备利用率

项目群管理物资设备最大的优势在于设备的动态管理，提高设备利用率。现场生产管理人员、设备、材料配置按计划组织施工配备，设备物资部统一调配机械设备、材料供应，对需要的主要物资材料的价格实行跟踪管理，有效控制项目成本。由原来 90% 的利用率升高到现在的 99%，大大缩减了成本。

六、及时调差，锁定项目效益

某改造项目部分材料价格信息缺项，若按合同约定采取认质认价的方式确定，存在后期审计风险大、项目对该部分材料仅为代购、无法保证项目合理利润等问题，通过积极与价格信息部门沟通，以管廊、海绵城市发展趋势为理由，说服其新增专栏，将本项目大部分缺项材料在造价信息中增列，既保证了项目效益，也降低了后期审计风险。

某项目为旅游干道，设计标准高，设计的花岗岩路缘石、人行道砖等材料在当地很少使用，且当地无相关类型材料生产，价格信息中材料价均参照外地录入，缺少运输费用，导致价格水平较市场采购价低很多。通过市场调查，及时提供各生产厂家报价资料给价格信息部门，并积极与其沟通，分析价格组成。目前涉及该项目的信息价均已按正常市场水平更新调整，共计调整原偏低价格 3 类 12 项。

七、工程量入图，降低审计风险

某廊道项目前期无施工图纸，项目部进场之初通过现场调查等对以下施工项目进行了方案优化：①土田埂变更为经济效益较好的土夹石田埂；②机耕道及田间道基层素土夯实变更为天然砂砾石施工；③北侧园路旁混凝土水沟变更为混凝土垫层 + 精选鹅卵石水沟施工；④广场铺装的高湖石及老石板变更为青石板施工；⑤旱溪素土夯实变更为宕渣夯实施工；⑥绿化种植土变更为种植土 + 营养土施工；⑦生态停车位碎石垫层变更为碎石垫层 + 混凝土基层施工；⑧茅草园亭、木栈道及车行桥等结构桩基础变更为砂砾石换填 + 筏板基础施工。为规避审计风险，以上事项全部纳入正式施工图纸，大大降低了后期审计结算风险。

八、加强确权，抓好项目收尾结算

澄江项目群有一个项目已完工，结合该项目审计中存在的问题，对以后项目提供借鉴。该项目在投标报价过程中针对可能发生的变更方向进行了不平衡报价，项目实施过程中如何将施工生产中的制约因素变成设计中的有利因素，实现投标报价中的变更埋伏，成为本项目降本增效的关键一环。项目部针对不平衡报价开展方案先行，让方案充分服务造价，遵循先算后干、边干边算的原则。利用征地拆迁难、设计不够深入、部分设计方案无法实施、地勘报告与实际地质不符等因素，将设计变更与成本控制相结合，通过设计变更实现开源节流。具体情况如下：

1. 加强沟通、注重程序，确保项目程序合规合法

项目实施过程中，变更多、涉及工程数量大、变更金额较大，项目所有变更及方案的确定均邀请业主、设计、造价、监理等各方现场确定，并以专题会议纪要明确，针对基坑支护方案等增加投资额较大的情况，邀请县领导参与或要求业主以专题报告的形式报政府审批，为后期项目结算审计提供充分的依据，有效规避审计风险。

2. 夯实基础资料，规避风险

安排专人负责现场签证及资料收集工作，保证签证、影像资料等证据齐全，化解结算审计数量核减风险。本工程隐蔽工程多，数量大，而原设计图纸中部分项目仅确定原则，具体数量通过方案及现场签证确定，项目安排专人负责现场隐蔽工程签证、影像资料收集工作，所有隐蔽工程均取得业主、设计、造价、监理等单位的书面签证资料，并在各关键部位均有代表性的照片及影像资料，此项工作有效化解了项目结算审计工程数量核减风险。

3. 抓住机遇，变更入图，有效减低审计风险

积极与业主及设计沟通，将基坑支护、软基处理、全跟进钢护筒等较大的变更全部进入施工图，降低了后期项目结算审计风险。

4. 及时结算，锁定对上收入

某廊道项目在完成寒武纪节点、月亮湾节点区域部分绿化、旱溪、农田、停车场工程的施工后，项目部及时与业主、设计、监理、造价等

单位进行了沟通和对接，除已完成工程数量进入施工图纸外，已完工程结算申报工作同步进行中；某改造工程在完成梁王大道路的施工并已交验后，项目部对该部分已完工程进行了阶段性完工结算申报，实现了项目收入的锁定，为项目效益实现打下了坚实基础。

5. 聘请专业人员实现过程管控

澄江某安置房项目为集团公司第一个大型房建类项目，针对房建项目熟练度不高，专业人员不足的情况，项目部聘请了省内实力较高的造价咨询机构，一方面协助完成项目过程计量、变更等过程管控，另一方面对项目员工进行房建算量培训，达到项目结束后一批员工能够独立算量的效果，为公司培养房建专业人员。

九、考核兑现，发挥指挥棒作用

根据工程项目绩效考核管理实施细则，对某项目进行完工考核，且超额部分均已兑现。该项目的成功也为该片区项目群绩效考核奠定了基础，充分发挥绩效考核在项目成本管理中的关键作用，坚持年度现场考核全覆盖、完工考核相结合，实现成本管理监控的常态化。做到成本管理效果要切实与经营者业绩考评挂钩，切实与奖罚兑现率挂钩，实现责任成本绩效考评的科学化，实现成本管理价值的最大化。

第六节　取得成效

一、收益情况

澄江片区项目累计完成产值约××万元，累计成本约××万元，实现收益约××%。澄江片区累计完成变更增加费用约××万元，累计变更索赔率××%。

二、所获荣誉

澄江某项目的建设打开了澄江项目建设市场，赢得了当地政府对集团的信任，为后续项目落地打下了坚实基础。项目群的建设先后获得多项政府表彰及相关 QC 成果奖项。包括：

（1）云南省 2018 年度公路施工企业信用评价 AA 企业。

（2）澄江县人民政府 2018 年度安全管理先进单位。

（3）2018 年质量管理先进单位。

（4）守合同重信用企业。

（5）锦旗：建设仙湖路实现美丽澄江。

（6）2018 年度中国铁建港航局集团有限公司优秀 QC 成果二等奖。

（7）2018 年度中国铁建港航局集团有限公司优秀 QC 成果一等奖。

（8）2019 年度中国铁建股份有限公司优秀质量管理小组成果奖。

第七节　下一步研究方向

澄江项目群旨在研究一套可推广的项目群责任成本管理的方法，为后续项目群责任成本管理积累经验，有利于全员树立全过程成本管理意识和增强企业竞争力，确保企业的长远发展。

澄江项目群管理下一步主要研究方向，一是继续深入研究澄江项目群在责任成本管理方面的应用，把项目过程管理、资源优化配置等更加紧密地融合起来；二是研究项目群各收尾项目较普通收尾项目在责任成本管理方面的优势。

第八节　小结

干好项目是经营王道，赢得业主信任是不断深化经营、实现滚动发展的前提，以在建项目为依托，注重宣传企业优势，树立良好的企业形象，重点跟踪，滚动发展，围绕澄江片区“做文章”，不轻易放弃每一个项目，要干好在建、赢得口碑、立足澄江片区，协助集团公司做好属地经营。

第十一章　工程总承包项目收尾阶段六项管控措施研究

工程项目责任成本管理是以项目承揽为先导，以方案预控和成本预控为龙头，以责任预算为基础，以过程管控为主线，以考核兑现为抓手，贯穿项目全过程。为切实提高项目收尾阶段成本管控水平，提升项目创效能力，某分公司根据本公司实际情况，对工程总承包项目收尾阶段成本管理进行研究，收集汇总项目收尾阶段成本管理中的注意事项和管控要点，为后期工程总承包项目收尾管理提供经验参考和借鉴。

第一节　研究背景

为了进一步强化项目责任成本管控能力，规范工程总承包项目收尾工作阶段管理，提高项目效益，某分公司开展责任成本管理实验室活动，依托所属逐步进入收尾阶段的 12 个项目，针对工程总承包项目收尾阶段成本管控工作进行研究。

第二节　研究目的

通过针对工程总承包项目收尾阶段管理工作的研究，收集汇总工程总承包项目收尾阶段管理过程中存在的问题以及解决措施，为后期工程总承包项目收尾管理总结经验，形成一套可推广、可复制的工程总承包项目收尾阶段责任成本管理案例。

第三节　研究人员

研究人员主要有分公司总经理、党委书记、副总经理、总工程师、总会计师、分公司各职能部门负责人以及各项目部收尾工作小组人员。

第四节　研究流程

1. 确定工程总承包项目收尾阶段管理的范围和研究内容。

2. 制订并下发《某分公司工程总承包项目收尾阶段管理实施方案》，明确收尾项目管理要求及工作流程。

3. 健全组织架构，完善收尾阶段管理体系。成立分公司收尾项目领导小组和收尾项目工作办公室，各收尾项目相应成立收尾项目工作小组，明确领导小组和工作小组在项目收尾管理中的工作职责和责任分工，领导小组负责组织项目收尾工作，工作小组负责具体落实并将问题汇总形成清单。

4. 针对每个收尾项目存在的不同进展情况，分公司联合项目部一同制定项目收尾阶段策划和工作计划，组织人员研究收尾阶段出现的问题并总结经验，进而强化项目收尾阶段的管理。

5. 根据各收尾项目的实施情况及收集反馈的问题进行研究总结，制定《某分公司工程总承包项目收尾阶段管理办法》。

第五节　研究内容

为取得较好的收尾阶段管理效果，根据项目收尾阶段的工作需求，主要从以下几个方面进行研究：

1. 项目收尾阶段管理体系和工作指南。

2. 项目收尾阶段的实施策划（包括主要工作内容和责任目标、实施计划）。

3. 项目收尾阶段人员动态调整管理、资源整合。

4. 竣工结算管理。

5. 收尾阶段余款清收和资金管理。

6. 收尾阶段考核兑现管理。

第六节　主要做法

一、制定办法，完善收尾阶段管理体系

为将工程总承包项目收尾阶段管理研究落到实处，某分公司特制订并下发《某分公司工程总承包项目收尾阶段管理办法（试行）》和《某分公司工程总承包项目收尾阶段管理实施方案》，明确收尾项目管理要求及工作流程。

1. 收尾项目领导小组负责组织、各收尾项目积极配合，广泛收集各项目在收尾阶段管理中遇到的问题，包括但不限于人员、设备、物资退场、人员稳定、工作和资料交接、变更索赔、项目交验、竣工结算、档案移交等内容，由收尾项目工作办公室负责落实该项工作并将问题分类汇总形成清单。

2. 不定期召开项目收尾管理专题研讨会，对收尾阶段管理问题集中研讨并有针对性地给出处理意见，以帮扶项目推进收尾工作，同时也为后期收尾项目提供解决类似问题的指导意见。

3. 分公司收尾项目领导小组不定期组织对收尾项目进行现场核查及督导，将项目实际收尾工作开展情况与收尾策划进行比对、逐项核查，同时注意收集新的收尾工作问题，不断积累项目收尾管理经验。

4. 每半年由收尾项目领导小组组织对收尾管理工作中的问题和经验进行探讨和总结，在广泛收集修订意见的基础上不断优化管理制度，形成项目收尾阶段管理半年报并修编完善《工程总承包项目收尾阶段

管理办法（试行）》。

二、谋篇布局，制定收尾阶段管理策划

为进一步加强项目收尾阶段的管理，根据《工程总承包项目收尾阶段管理办法（试行）》和《工程总承包项目收尾阶段管理实施方案》，结合各收尾项目的实际情况制定《项目收尾阶段管理策划》，主要内容包括但不限于以下七个方面：

1. 项目实施情况报告。主要内容包括项目工程概况、验工计价、盈亏情况、盈亏分析、债权债务、资金情况，以及项目在责任成本、变更索赔、物资机电、分包合同、生产进度、安全质量、文明施工、技术科研、人才培养等管理方面取得的经验、教训。

2. 收尾阶段人员、物资设备等的分阶段退场策划。根据项目收尾结算时间计划，项目部联合公司对项目部收尾各阶段的所属人员退场、调离和薪酬调整，收尾人员核定，以及物资设备（包括但不限于汽车、办公设备、试验设备等固定资产，剩余材料）的调整退场制定相关计划。

3. 收尾阶段剩余工作实施策划。以工程实施为主体，配合开展其他工作，对剩余工程量进行清理，编制剩余工程施工计划实施方案，同时上报预计审计时间和预计完工考核时间。

4. 项目成本分析、收尾阶段经费预算计划。对项目的成本运行情况再次进行系统的核算，对业主收入（含变更索赔）进行清点，包括已确认和已完成未确认、未完成工程收入；对已发生成本和预计未来成本进行核算，包括已计量成本和已完未计量、未完工程成本及其他成本。按照收尾计划编制收尾阶段经费预算计划。

5. 收尾阶段变更索赔工作清理计划。收尾阶段编制项目变更索赔

完成情况报告，对变更索赔工作进行清理，针对未完成的变更索赔事项的资料收集工作和审批工作进行攻关。

6. 竣工结算策划

（1）竣工资料管理。按照自第一阶段结束后五个月内完成竣工资料的编制和移交的原则，由项目经理和项目总工程师制定竣工资料的编制和移交工作计划，及时向业主及建设档案管理部门移交项目的技术资料，以便办理工程备案手续。

（2）结算管理。项目经理（收尾负责人）是收尾项目竣工结算第一责任人，项目工程部、合同部负责人是具体落实人，做好跟踪落实概算清理、变更索赔、竣工结算、外部审价、审计等资料编制、收集、整理、报审工作。

7. 收尾阶段余款清收和资金管理策划

（1）清收清欠管理。收尾阶段制定项目清收清欠计划，项目经理（收尾负责人）为项目债权的清收责任人，组织项目有关部门及时对未确认的营收进行确认。同时，项目经理（收尾负责人）为各项逾期债权变现的第一责任人，由项目经理（收尾负责人）组织编制对业主未支付的各类款项的催收计划方案，包括但不限于业主尚未支付的工程款、材料款以及业主应退还的投标保证金、履约保证金、质量保证金等。

（2）资金管理。在项目财务并账之前由项目经理按原流程办理审批，并账之后由项目部申请，报公司审批执行。

在项目财务并账之后原则上对项目属地开立银行账户进行销户，并通知业主将其应收资金直接划拨回公司财务部管理账户。如果业主不允许销户等特殊原因无法注销原银行账户的，为便于项目支付业务的开展，要求开通网上银行，审核U盾交由公司财务部专人管理。

收尾项目项目经理（收尾负责人）组织编制对分包单位的履约保

证金、质量保证金退还方案，并按照分包合同约定执行；同时收尾项目的备用金必须指定专人进行限额借支，由专人进行管理，项目经理（收尾负责人）负责审核。

三、降控成本，整合收尾阶段现场资源

项目进入收尾阶段后，项目部的管理成本成为成本支出的主要方面，如何降低项目部管理成本是提高项目效益的重要环节。

分公司联合项目部一同研究讨论，根据收尾阶段的进展情况及时对项目部人员管理进行动态调整，包括但不限于人员配置调整、人员职责调整、人员薪酬调整，固定资产、周转材料等，从而进一步提高项目部管理效率，减少项目收尾阶段的管理成本。

项目收尾阶段及时调整项目现场资源，对固定资产以及周转材料等及时盘点，通过调整项目实施策划，及时对现场资源进行合理调整优化，减少成本支出。

对固定资产、周转材料、机械设备及时进行调配调拨到其他临近项目使用，提高使用率。人员管理成本是收尾阶段成本支出的重要部分，因此收尾阶段对项目管理人员及时进行调整，精简优化项目管理团队，减少人员成本支出是十分有效的措施。

四、加强管控，确保收尾结算管理成效

1. 深入项目概预算清理，确保收尾收益

（1）收尾阶段结算工程量审核梳理。收尾阶段对概预算清理是十分重要的工作，其中工程量的审核梳理是关键点，因在施工过程中存在变更等诸多变化，导致过程中工程量在不断发生变动，因此在项目收尾

阶段需要对所有工程量进行全面的梳理审核，由项目部总工程师负责牵头，工程管理部负责对所有工程量重新进行计算并对设计图纸进行核查，以免因工程量和计量规则的理解错误导致概预算出现错漏项而造成损失。

（2）紧跟财政概预算审核，减少核减。对于费率中标项目或EPC项目等工程总承包项目（即合同价款以经政府部门批复的施工图预算为准），项目中标时往往只有估算或者概算，因此概预算造价审核跟踪工作显得尤为重要。这一过程主要从四个方面入手：

①从施工图设计入手，与工程技术相结合，一方面是设计图纸审核，另一方面是争取尽可能将大型临时工程、措施项目画进施工蓝图，这是“二次经营”中既便捷、经济又低风险的创效渠道，可以规避后期变更手续及造价审核风险。

②提前组织造价人员编制组价方案，编制本项目的概预算，做到心中有数，定额组价不漏项、不错项。

③收集、整理概预算套取的材料信息价，尤其是工程所在地没有指导价，需要参考市场价的材料部分，提前做好市场询价工作，掌握市场行情，做好佐证资料收集，审核中争取套用更高的材料价格，当不能达成一致意见时，积极联合业主、设计、造价单位进行多方联合询价，不轻易妥协。

某特大桥工程项目，因为钢绞线斜拉索、钢箱梁的特殊性，当地均无信息价可供参考，预算编制采用《云南省交通工程造价信息》，造成材料单价远低于市场价格，项目面临巨额损失。项目部通过对当地同类工程项目价格进行调查收集，向业主提出材料单价调整的依据，坚持不断地沟通，最后实现材料价格调整，实现单项扭亏为盈。

④积极主动联系造价审核单位，跟踪不放松。无论是前期的概算审核，还是后期的预算审核、变更造价审核以及最后的结算审核都十分重

要，需做到各阶段审核跟踪不放松，确保各阶段审核效果最大化。某工程项目部通过积极主动与业主、设计院、造价审核单位不断沟通，紧跟各阶段的造价审核，最终取得较好的效果，保证了项目的效益，具体情况如表 11 -1 所示。

表 11 -1　　各阶段造价审核核减系数情况表

序号	工程内容	初审核减系数	最终核减系数	备注
1	某路工程	16.68%	3.83%	
2	某特大桥工程	8.33%	2.69%	
3	某吹填砂工程	24.08%	9.56%	
4	某生态公园（绿化工程）	3.97%	2.09%	
5	某邻里中心项目	14.79%	1.29%	

2. 及时办理分包采购结算，锁定项目成本

项目进入收尾阶段后，要在第一时间对实际已发生成本进行清理，按照合同约定及实际情况对劳务分包、机械设备、各类材料供应合同进行完工清理确认并办理结算，同时项目部各相关部门联合对剩余未发生成本进行全面梳理，锁定项目成本，确保掌握真实的成本数据。

（1）严格执行劳务分包合同、材料采购合同、设备租赁合同约定，对其完成工程量进行清理核算并办理结算，落实结算审批流程。

（2）由项目工程部负责对所有分包结算工程量进行核算，由设备物资部负责统计材料、设备实际用量，根据工程管理部提供的施工材料、设备需用量，核算材料、设备的节超情况，对于各劳务分包队伍超消耗材料费用，由设备物资部出具扣款通知单提交财务部，在结算中予以扣减。

（3）在进行劳务分包结算时，对各劳务分包单位的农民工工资支付情况进行梳理，确保其全部足额发放，同时严格按照合同约定足额扣留质量保证金。

（4）防范法律诉讼案件风险，对各分包单位在当地可能存在的债务问题进行调查，尽可能地规避结算后因分包商外欠款事宜给项目部带来不必要的纠纷。一旦发生纠纷，要在第一时间主动协调沟通处理，避免事件扩大化。

（5）项目部各相关部门联合对照收尾阶段实施计划对预计成本进行全面核算，守好最后一道“节流”关口，全面锁定项目成本。

3. 完善二次经营支撑性资料，保障创效落地

变更和签证是项目创效的重要手段，很多项目在实施过程中存在变更内容但审批手续未及时办理，而在结算审核过程中，变更和签证是审核单位核减的重要部分。在收尾阶段必须组织变更索赔团队重新梳理变更台账和资料，对未完成审批的变更和签证内容进行资料收集补充并加快审批手续的办理，规避审减风险，确保项目二次经营创效落地，也为后期加快竣工验收结算的办理奠定基础。二次经营主要有以下几个思路：

（1）利用法规，主动出击。深入研究相关法律法规，主动出击，抓住契机，积极创造变更条件，实现变更目标。某公路工程项目因在施工区域边上存在高压电塔造成原设计土石方爆破开挖施工受阻，政府对高压电塔进行迁改存在困难，一时无法开展，项目部主动出击，通过研究国家爆破施工法律法规和电力行业法规，化被动为主动，解业主所难创造变更条件，主动提出多种处理方案并组织相关部门参与专家论证，最终取得业主的同意，将原设计土石方普通爆破方案变更为控制爆破施工方案，既规避了高压电塔迁改困难的问题，又成功推进项目开展，保障了项目的施工工期。

（2）把握机遇，增进蓝图。很多 EPC 项目或其他工程总承包项目，都存在边设计、边出图、边施工的现象，直至项目收尾阶段图纸仍未完成定稿。对于项目施工管理，既是风险也是机遇，关键在于过程中如何

把握机遇，化不利为有利。首先积极主动与业主、设计院等单位保持沟通，主动宣传有利于我们的设计构思和方案。某工程总承包项目通过充分的现场排查和市场调查研究，在保证达到设计要求且各方都可接受的情况下，积极与设计院进行沟通，在设计出图阶段中直接将亏损内容的钢筋混凝土管道变更为利润较大的 HDPE 管材，规避了后续变更手续的办理和审核的风险；并利用政策变化该项目转变为 EPC 模式的机遇，在原设计的基础上变更延伸增加施工内容，同时将回填中粗砂更改为回填石屑，增加管道回填厚度，增加钢板桩等措施内容，成功实现合同金额增加，并在收尾阶段设计图送审定稿时将所有增加的施工内容画入图纸中，尤其是措施工程内容，降低了后期审核过程中的核减风险。

（3）滚动经营，增收创效。某特大桥工程项目在项目收尾阶段，积极主动与业主单位沟通，从业主的角度出发提出相关意见，最终结合本项目景观需求，取得业主追加特大桥景观亮化和桥身涂装工程项目，为项目增加了效益。

（4）因势利导，降本增效。通过充分调研，深入掌握项目施工环境及周边资源，充分利用现有条件，因势利导，实现降本增效，收尾闭合资料，规避审计风险。某公路工程项目设计弃土石方 50 万 m^3，由业主提供弃土场进行弃土作业，后因环保政策要求导致该弃土场无法使用，项目一时难以开展。项目部因势利导，以推进项目为核心，经与业主沟通取得在不改变原设计方案弃土费用的前提下，弃土石方由项目部自行处理。为了进一步增加项目的效益，项目部多措并举，充分利用弃石方的价值，将弃石方材料进行破碎利用，作为路面基层碎石使用，不仅规避了原材料紧张和弃土场地问题，同时节约了材料成本。在收尾阶段进一步沟通完善过程中类似增效举措的资料和手续，规避后期审计风险，真正实现降本增效。

4. 争取调差，回收资金

充分研读合同条款以及相关调差文件，调查材料信息价，做好材料单价补差工作。在收尾阶段安排专人进行材料价格梳理以及材料单价调查资料的收集、编制工作，对于工程所在地无参考信息价的材料，提前做好市场询价工作，掌握实际市场行情，做好佐证资料，争取更高的材料调差价格。当不能达成一致意见时，联合业主、监理、造价单位，进行多方联合询价，完善材料调差审批手续，落实材料调差工作，对材料调差部分进行确权并及时回收资金。分公司某公路工程项目在收尾阶段通过对材料调差进行清理，最终实现调差增加。

5. 编制资料，审核归档

竣工资料编制工作的及时性和完整性直接制约后期项目竣工验收以及结算工作，同时也直接影响到后期项目审计结果。为了避免因结算时间的拖延导致效益流失，分公司安排专人对各收尾阶段项目进行跟踪，加快推进竣工资料的编制工作，取得了较好的效果。主要做法有以下几点：

（1）积极与业主单位保持沟通，熟悉竣工结算流程及归档资料编制要求，督导项目部在收尾阶段，提前按业主或档案馆要求，根据已完成工序提前收集编制相关的竣工资料，同时提前与业主等相关单位对竣工验收以及结算事宜进行沟通，落实竣工验收准备工作，一旦具备竣工验收条件，可及时顺利完成验收工作。

（2）在项目进入收尾阶段时，分公司及时安排相关人员与项目部一同制定项目收尾阶段的管理方案，安排有经验的人员对项目部竣工资料和结算资料进行审查，帮助项目部完善结算资料的准备和归档，确保工程量和造价编制无漏项、错项，每一项内容都有依有据。此外，在正式提交结算资料前，邀请有经验的财政审核单位或者审计单位的人员给予先行初审把关。

（3）收尾阶段提前介入外部单位审计准备工作事宜，如何应对审计，保住项目效益是最后一道关键环节，针对这一环节，分公司安排有经验的人员负责跟进，协助各项目收尾工作负责人员，妥善处理审计事宜，保住项目最终效益。

五、回笼资金，加强收尾阶段余款清收

项目收尾阶段要及时进行确权清收工作，确权的拖延将可能带来确权风险，资金回收的拖延将导致原有效益流失。为进一步取得较好的效果，在收尾阶段分公司与项目收尾工作小组制定确权清收指标，以目标为导向，进一步确保加快项目的确权工作和余款清收工作。主要做法有以下几点：

1. 在收尾阶段针对项目的确权清收情况，合理制定确权清收工作计划和任务指标，采取清收与项目考核兑现相挂钩，有效加强余款清收力度，加快效益变现。

2. 在收尾阶段进一步加强项目管理费开支控制力度和资金管理，制定后期资金使用计划和管理费开支计划，严格按照资金计划进行管理使用。

3. 项目办理完相关结算后，与业主方财务等人员保持沟通，提前准备好相关的请款资料，一旦达到付款条件，使余款能够及时回收。

4. 收尾阶段及时做好销户关账准备，在项目内部审计清算后，及时组织会计核算和银行销户工作，项目部及时上交各项会计核算资料。

六、及时总结，抓好收尾阶段考核兑现

加强项目绩效考核管理，及时考核兑现，实现管理效果与个人收益

相匹配，激发项目管理人员责任成本管理的积极性，考核兑现不及时，责任成本激励作用就会大打折扣。

1. 制定完善责任成本考核奖励办法，定期对项目成本管理和效益情况进行分析，并依据办法考核奖惩，落实成本管理责任，促进项目整体成本管理能力提升。某分公司根据《项目经济责任书》《项目经济责任绩效考核办法》等相关文件，每年对各项目进行绩效考核，考核兑现分年度、终期两个阶段兑现责任成本奖罚，年度兑现随绩效考核一并实施，切实提高了项目管理团队的积极性。

2. 综合各项目情况，合同工期在 12 个月以上的项目（不含 12 个月）应进行年度预考核兑现，最高比例不得超过当期基本兑现的 70%。合同工期超过 3 年的，第 4 年起预兑现 85%。

3. 收尾阶段分公司对项目变更索赔事项进行核查，严格执行《集团公司工程项目二次经营“一事一奖”管理办法》，及时对参与变更索赔人员进行考核奖励，提升项目二次经营主动性、积极性，进一步提升项目创效能力。

4. 项目竣工后，严格执行《项目经济责任绩效考核管理办法》，及时对项目进行审计、考核，并及时落实兑现事项，真正实现管理效果与个人收益相匹配，调动项目管理人员责任成本管理的积极性。

第七节　取得成效

经过对工程总承包项目收尾阶段管理的研究，收尾阶段不断加强各项管控措施，各收尾阶段项目在创效能力和项目结算推进工作上都取得了较好的成效，同时也总结和探索出一些工程总承包项目收尾阶段管理的办法和途径。

1. 经过努力，各项目的创效能力均得到有效的提高，某分公司连续四年获得集团公司“港航效益杯”。

2. 收尾项目的结算办理取得较大的进展，其中已完工的 7 个项目中 4 个项目完成结算办理，1 个项目通过财政造价审核（一审），2 个项目正在编制结算资料。

3. 通过项目收尾阶段管理工作的研究，不断提高项目收尾阶段成本管控水平，减少项目效益流失，同时也提高项目人员的创效积极性，使分公司各项目整体效益水平进一步提升，较往年分公司整体效益增长 1.3%，项目管理人员个人收益也得到了提高，实现了公司管理效益与项目管理人员个人收益双提升。

4. 通过工程总承包项目收尾阶段管理研究，总结各项目在收尾阶段管理过程中暴露的问题和解决方法，根据某分公司的实际情况修编制定《某分公司工程总承包项目收尾阶段管理办法》并进行审核形文发布执行，为后续项目收尾阶段管理提供了借鉴和参考。

5. 通过工程总承包项目收尾阶段管理研究，提升了业务人员在项目收尾阶段管理的操作水平，也使收尾阶段项目创效能力和确权能力有较大的提升。

第八节　下一步研究方向

通过不断地研究、加强工程项目收尾阶段管理措施，使得项目收尾阶段管理工作质量有所提高，项目创效取得一定的成绩。下一阶段将进一步开展责任成本管理实验活动，主要包括以下几点：

1. 提升责任成本管理人员的业务水平

通过工程总承包项目收尾阶段的管理研究，为了进一步提高项目收尾阶段管理的效果，业务人员的实际操作水平还需不断提升，才能更加从容地应对项目收尾阶段复杂多变的问题和障碍，同时也进一步强化全体项目管理人员的责任成本管理意识，达到全员努力共同提升项目创效能力。

2. 加强业主竣工结算办理跟踪，缩短审核周期

很多项目在竣工结算办理过程时，因诸多原因致使审核周期漫长，结算手续办理迟迟无法完成，对项目的确权和资金回收造成影响，甚至效益流失。因此要加强与业主、造价等单位的沟通，避免走弯路，进一步缩短业主结算审核周期，加快推进业主结算审核办理进度，及时解决审核过程中遇到的问题，减少不必要的损失，确保效益最大化。

3. 加强防范竣工审计风险

随着建筑市场的逐步规范，各级政府和建设造价管理部门相应出台要求建设项目竣工结算要进行审计的规定，这就要求我们要学会如何去正确应对审计，避免因为日常的管理失误和缺陷导致效益流失。

（1）结算资料准确齐全。收尾阶段要学习对照以往结算审计工作要点，对项目竣工结算资料进行自查补漏，确保本项目的所有资料准备齐全，并且各个部分的资料须保持一致性，可以起到相互佐证作用。

（2）结算资料了然于胸。结算业务人员要对项目结算资料内容熟悉，尤其是掌握好结算中的薄弱点，并组织做好相应的“补强”措施，预估可能出现的不利结果并做好应对策略。

（3）积极主动联系。应多联系、多询问审计的进展情况，对于审计人员提出的每一项质疑，应派出熟悉该工程项目施工流程及方案，对项目的来龙去脉了然于心的负责人亲自去说明情况。保持与审计人员多交流，以此来加快审计结算工作的进度，早日实现资金到位。

（4）正确处理争议问题。遇到有争议问题时，施工方一定首先要保持冷静，克制情绪，不能发生正面冲突。如遇难以达成一致意见的情况，可以请求审计人员提交审计部门主管领导讨论，或寻求另外的解决途径，避免与审计人员过于纠结。

（5）谨慎对待每一份文件。对审计过程中的数据核对形成的审价会议纪要、中间定案单等文件，要进行深入研究，签认时要慎之又慎，因为每一份文件都是具有法律效力的。

第九节　小结

项目进入收尾阶段后，应及时制定收尾阶段管理策划，调整项目管理组织架构，优化整合项目现场资源，减少成本支出，提高项目管理效率。通过不断地研究、加强收尾阶段成本管控措施，提高项目收尾阶段管理工作质量，总结项目收尾阶段管理要点和注意事项，规避工程总承包项目收尾阶段管理风险，提高项目创效能力，增强企业的市场竞争能力。

后　记

2020年8月，《施工项目责任成本管理工作指南》的出版取得了良好的效果。为进一步加强集团公司水工行业项目责任成本管理，2021年8月启动了船闸项目责任成本管理工作指南编制工作。2021年，集团公司海上风电项目按期顺利履约，打响了海上风电品牌，鉴于海上风电项目责任成本管理的独特之处，2022年3月开始策划编制海上风电项目责任成本管理工作指南，总结海上风电项目责任成本管理经验，为后续海上风电项目责任成本管理提供基本指导和有效帮助。

2020年6月，股份公司开展责任成本管理实验室工作，集团公司精选研究课题，最终形成了一批具有特色的项目责任成本实验室成果案例，决定与工作指南形成汇编，丰富成果内容。

本成果汇编的编写得到集团公司领导的高度重视和支持，不仅对成果汇编的设计思想、大纲和章节安排等给予指导，而且组织相关单位及专家对责任成本实验室案例进行讨论，征求案例编写的意见和建议，不断完善案例内容。本成果汇编主要编写人员有：谭世霖、徐大闩、刘双喜、刘青、陈云、安然、傅斌、肖伟荣、何黎、丁传玉、李育斌、王耀武、张杰、李猛、梅继航、李强（总承包公司）、李强（新能源公司）、肖智慧、成诗冰、王先岩、董建全、肖斌、田前进、熊波、李旦、李宁、张鑫泰、王荣进、杨荣华、方亮、龚琪、乐静静、赵正宇、邓麟锋、王云波、张峰、王呈祥、张思广、李小芬、唐升军、杨伟东、严士君、张白贾、王小龙、葛有东、徐云成、廖峰、李梦婷、蒋波、李康。在此对各位参编人员表示感谢！

本成果汇编难免有疏漏和不当之处，敬请读者批评指正。